WPS Office 高效办公从入门到精通

冷雪峰◎主编

CTS K 湖南科学技术出版社·长沙

图书在版编目（CIP）数据

WPS Office 高效办公从入门到精通 / 冷雪峰主编．— 长沙：湖南科学技术出版社，2024.1

ISBN 978-7-5710-2562-5

Ⅰ．①W… Ⅱ．①冷… Ⅲ．①办公自动化—应用软件 Ⅳ．①TP317.1

中国国家版本馆 CIP 数据核字（2023）第 248443 号

WPS Office GAOXIAO BANGONG CONG RUMEN DAO JINGTONG

WPS Office 高效办公从入门到精通

主　　编：冷雪峰
出 版 人：潘晓山
责任编辑：杨　林
出版发行：湖南科学技术出版社
社　　址：湖南省长沙市开福区芙蓉中路一段 416 号泊富国际金融中心 40 楼
网　　址：http://www.hnstp.com
印　　刷：唐山楠萍印务有限公司
（印装质量问题请直接与本厂联系）
厂　　址：唐山市芦台经济开发区场部
邮　　编：063000
版　　次：2024 年 1 月第 1 版
印　　次：2024 年 1 月第 1 次印刷
开　　本：710mm×1000mm　1/16
印　　张：15
字　　数：270 千字
书　　号：ISBN 978-7-5710-2562-5
定　　价：59.00 元

PREFACE 前言

WPS Office 是金山软件股份有限公司自主研发的办公软件套装，拥有文字、表格、演示等多种功能，以其内存占用少、运行速度快、体积小巧、多平台运行、“云”存储以及海量在线模板等功能和特点，受到全球超过 16 亿用户的喜爱。

《WPS Office 高效办公从入门到精通》一书旨在帮助电脑新手、初入职场的新人、想要提高办公效率的人群等快速掌握 WPS Office 的使用技巧，提高办公能力和工作效率。

本书详细介绍了 WPS Office 的三大组件——WPS 文字、WPS 表格和 WPS 演示的使用方法与操作技巧，为了帮助读者更好地学习和提高，本书还提供了丰富的教学案例，使读者能够快速将所学知识应用到实际工作中。

本书以实用性、典型性、便捷性为编写宗旨，尽可能介绍了 WPS Office 软件中基础、普遍、重要的使用技巧，本书的特点包括：

◆ 循序渐进，稳中求进

本书主要侧重于基础技能的培训，力求使学习变得简明生动，书中内容由浅入深，以足够的基础知识作为铺垫，保证每位读者都能轻松理解和快速掌握技能技巧，从而打好学习基础，使学习过程更加顺畅，逐步提高办公技巧与工作效率。

◆ 一步一图，紧密结合

本书采用图文结合的方式，使用详细的文字描述并辅以对应的插图，对软件中的多项功能、操作做了讲解。读者可以在学习过程中直观地看到操作方法以及对应操作的效果，并且可以跟随本书的讲解在计算机上亲自操作，无须太多的基础和时间，就能迅速地掌握 WPS 软件的使用技巧。

◆ 内容全面，学以致用

本书内容涵盖 WPS Office 三大组件的绝大部分基本操作，不论是文档、表格还是演示文稿，其相关功能都有十分详细的讲解，让读者在实际操作过程中对软件有全面的了解，从而提高综合能力。

◆ 实用案例，即学即用

本书不仅注重软件基础知识的讲解，还搭配了大量的办公实例。这些案例贴近日常办公需求，通过对案例清晰、全面的讲解，读者可以快速掌握相应的知识和技能，从而将其应用到实际工作中。

希望本书能够成为读者学习 WPS Office 的良师益友，为读者在办公中提供便利，帮助读者在职场中取得更加出色的表现。相信通过学习本书，读者不仅可以快速掌握 WPS Office 软件的基本使用操作，还能领悟出一些技巧和窍门，最终找到适合自己的办公方式，提高工作效率和质量，促进个人的职业发展。

在本书编写过程中，我们尽力保证内容的准确性和全面性，但由于编者水平有限以及时间限制，难免存在一些不足之处。因此，我们非常希望读者能够提出宝贵的意见和建议，帮助我们不断改进和完善本书，以便更好地满足读者的需求。同时，我们也会认真倾听读者的反馈意见，不断改进和升级本书的内容和质量，让读者获得更好的学习体验和使用效果。

目　录
CONTENTS

第1章 WPS文字的基础操作

第2章 编辑文档格式与排版

第3章 文档的丰富化处理

第4章 WPS表格的基础操作

第5章 数据的处理与分析

第6章 公式与函数的使用

第7章 使用图表展示数据

第8章 WPS演示的基础操作

第9章 幻灯片的丰富化处理

第10章 幻灯片动画与放映

Chapter

01

第 1 章

WPS文字的基础操作

WPS文字是WPS Office的三大办公组件之一。本章将详细介绍WPS文字的基础操作，通过学习本章，读者可以快速掌握如何利用WPS文字制作出简单的文档。

学习要点：★学会创建与保存文档

★学会输入文档内容

★学会编辑文档内容

1.1 创建与保存文档

在 WPS Office 的各个办公组件中，新建、打开和保存文档的方法基本相同。本节主要介绍如何新建、打开和保存 WPS 文档。

1.1.1 新建空白文档

1 新建WPS文档前，先启动WPS Office程序，用鼠标双击桌面上的“WPS Office”程序图标即可启动该程序。

2 软件启动后，主界面如图1-1所示，单击主界面左侧的【新建】按钮，进入【新建】界面，单击界面左侧的【新建文字】按钮，然后单击【空白文档】，如图1-2所示。

图 1-1

3 新建的空白文档如图1-3所示。

图 1-2

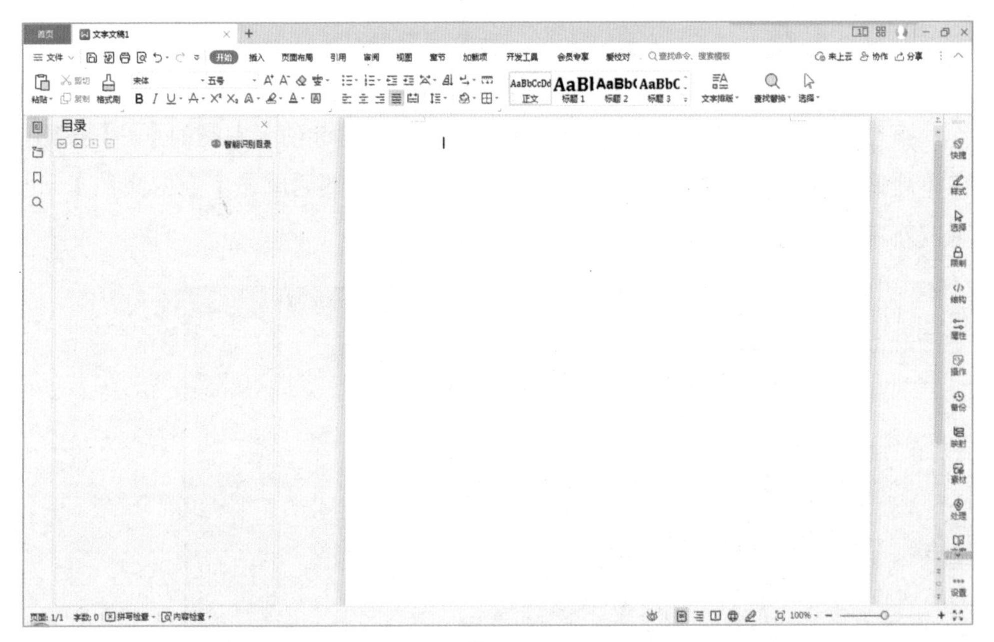

图 1-3

除用上述方法新建空白 WPS 文档外，还可以通过下面三种方法创建文档：

在操作系统桌面或文件夹中用鼠标右键单击空白处，在弹出的快捷菜单中选择【新建】→【Microsoft Office Word 文档】命令，即可创建一个名为“新建 Microsoft Office Word 文档”的空白 WPS 文档，如图 1-4 所示。用鼠标双击其图标即可将其打开。

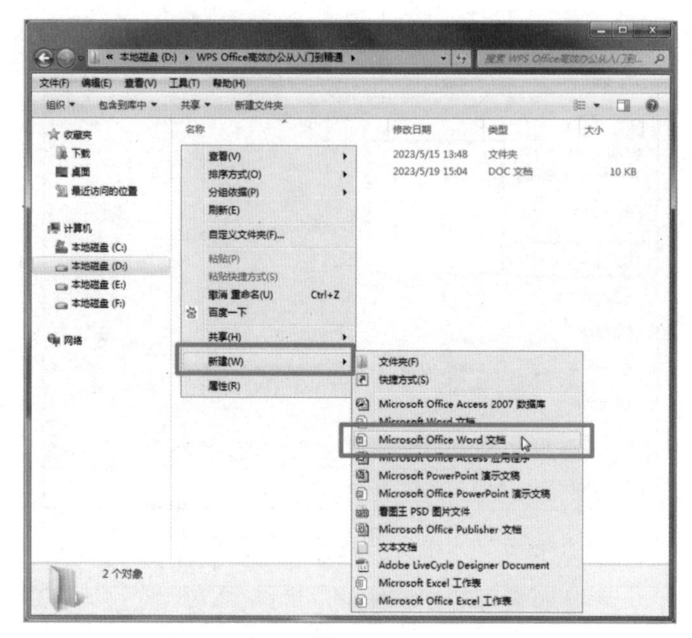

图 1–4

在打开的 WPS Office 程序中，单击最上方标题选项卡右侧的【+】按钮，在【新建】界面中单击左侧的【新建文字】按钮，然后单击【空白文档】，也可以新建一个空白的 WPS 文档，如图 1–5 所示。

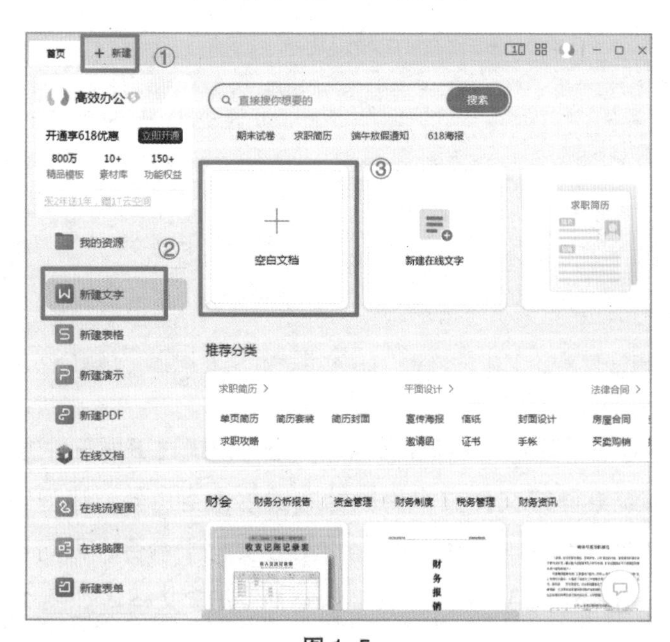

图 1–5

在打开的 WPS Office 程序中，按下【Ctrl+N】组合键，也可直接新建一个空白的 WPS 文档。

1.1.2 使用模板创建文档

模板是一种拥有固定格式和内容的文档，用户只需要根据模板提示填入相应的内容即可制作出专业的文档。WPS 提供了多种多样的模板，分为免费模板和收费模板两种，下面以免费模板为例演示如何使用模板创建新文档。

1 在【新建】界面中，单击界面左侧的【新建文字】按钮，在界面中间选择需要的模板分类，以“单页简历”为例，如图1-6所示。

图 1-6

2 进入模板选择界面，由于新用户的本地文件夹中没有模板，需要进行下载。WPS Office自带的大部分模板都需要开通会员，不过用户可以在勾选分类界面下方的【只看免费】复选框，查看免费模板，如图1-7所示。

图 1-7

3 用户可以在界面上方的搜索栏及分类界面中根据需要搜索相应模板，以“简约求职简历”为例，选择需要的模板类型，单击其缩略图，如图1-8所示。

图 1-8

4 进入模板详情页面，如果确定要使用该模板则单击【免费下载】按钮，如图1–9所示。

图 1–9

5 此时，WPS Office中会创建一个空白的个人简历文档，如图1–10所示。用户只需根据实际情况在模板中进行填写和编辑即可。

图 1–10

1.1.3 保存文档

创建一份文档后，为了便于以后使用或继续编辑，需要将其保存到计算机中。保存文档有两种方式，分别是“保存”和“另存为”。

1.保存

保存的操作步骤如下：

在对文档进行编辑后，单击左上角的【文件】按钮，在下拉列表中单击【保存】选项。或者直接单击窗口左上方快捷工具栏中的【🖫】按钮即可完成保存，如图 1–11 所示。

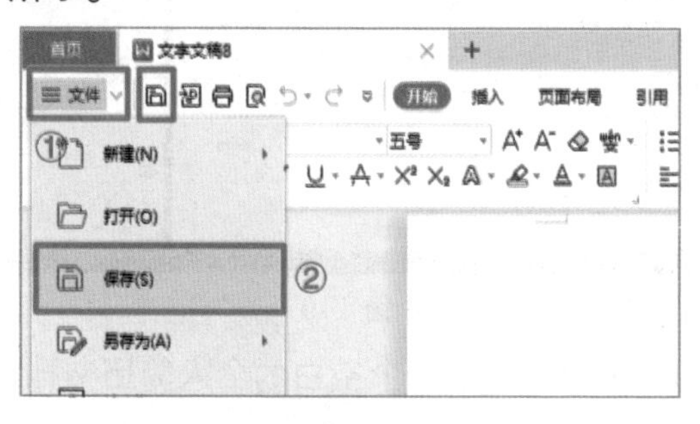

图 1–11

2.另存为

另存为的操作步骤如下：

单击左上角的【文件】按钮，在下拉列表中单击【另存为】选项，如图 1–12 所示。在弹出的【另存为】对话框中设置保存路径、文件名和文件类型，然后单击【保存】，如图 1–13 所示。

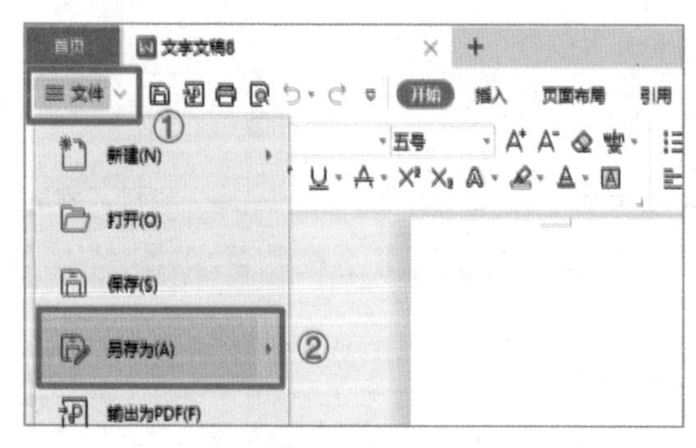

图 1–12

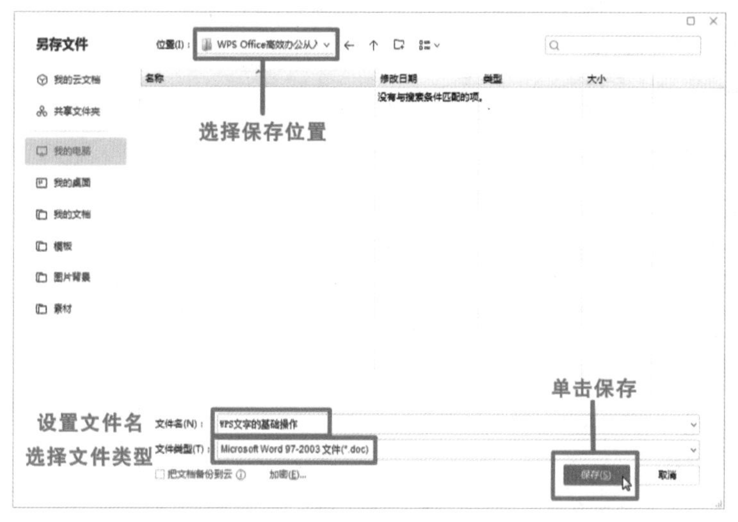

图 1–13

1.1.4 备份文档

为了避免因为突然断电、系统崩溃、忘记保存等原因导致文件损坏或丢失，WPS Office 设置了自动备份功能，包括本地自动备份和云端备份，可以将软件自动保存到计算机或云端。

1.本地备份功能

1 设置自动备份功能需要单击WPS主界面左上角的【文件】按钮，在下拉列表中单击【选项】选项，如图1–14所示。

2 打开【选项】对话框，单击左下角的【备份中心】按钮，如图1–15所示。

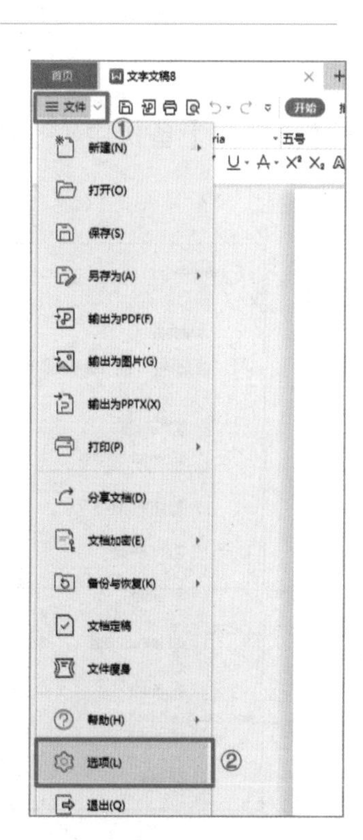

图 1–14

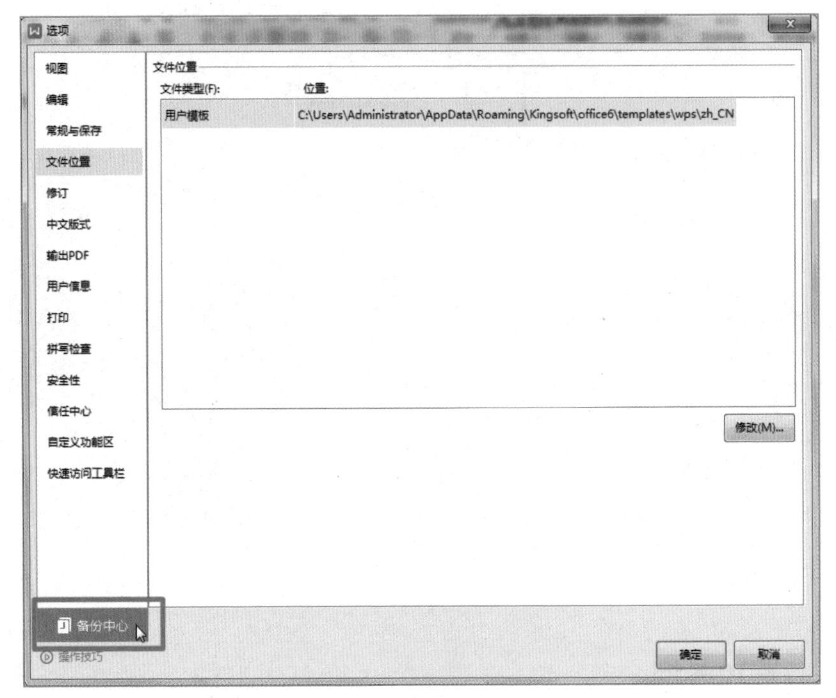

图 1–15

3 打开【备份中心】对话框，单击【本地备份设置】按钮，如图1–16所示。

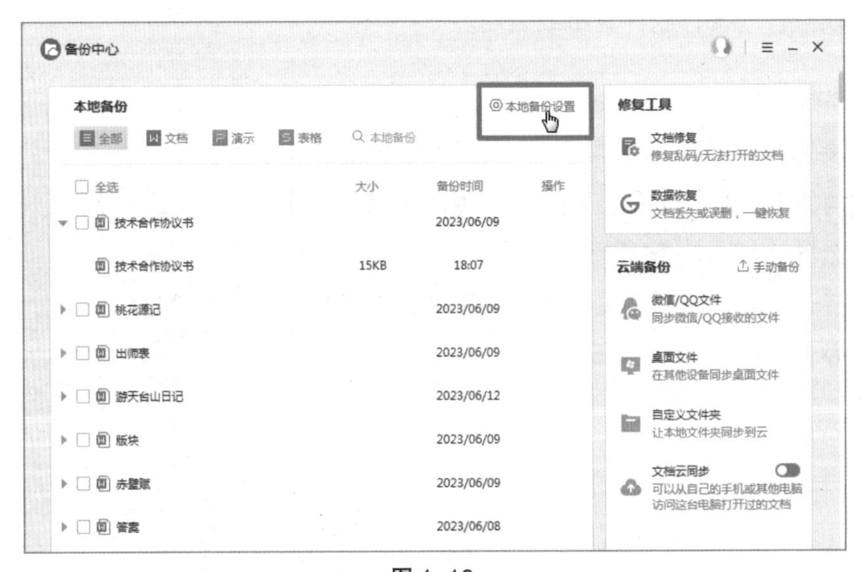

图 1–16

4 弹出【本地备份设置】对话框，如图1–17所示。可以看到有三种备份模式可以选择，分别是智能备份、定时备份和增量备份，具体说明如下：

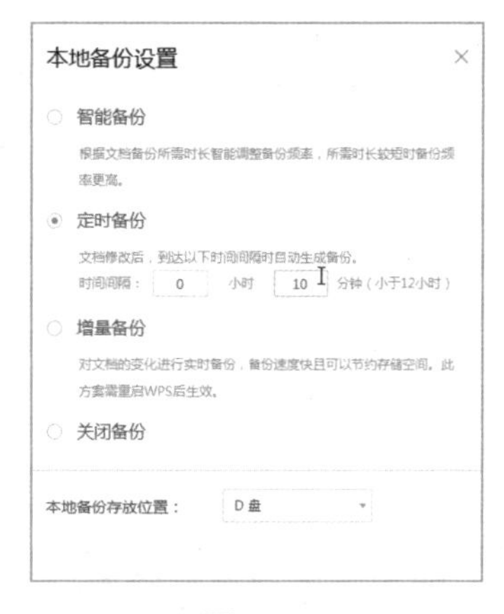

图 1–17

◆智能备份：智能模式备份是当 WPS Office 软件崩溃或计算机异常关闭时进行备份，因此可以在计算机重新启动后找回文件。但计算机或软件没有发生异常就不会备份，因此如果没有手动保存那么也就不能找回文件。

◆定时备份：定时备份是不管计算机是否发生异常都定时进行备份，如果设置时间间隔为 10 分钟，那么软件会每 10 分钟自动备份一次。推荐选择此备份方式。（如果间隔时间设置得太短，软件可能会因为备份太过频繁而卡顿。）

◆增量备份：增量备份可以记录用户对文件的操作步骤，读取备份时，这些步骤可以在原文件上快速重现，从而达到备份的目的。

2.云文档同步功能

WPS 云文档是 WPS 内置的一个储存文档、共享和协作的平台，它可以让文档不再局限于硬件设备，而是上传到云端进行备份。开启云文档同步功能后，用户在保存文档时，文件会自动在云端备份，避免文件因计算机崩溃而损坏或丢失。并且，文件保存到云端后，在其他设备上登录 WPS 账号后，用户依然可以打开和编辑该文档。一般情况下，用户将文档进行保存或另存为操作后，WPS 会自动将文档同步到云端。不过，未登录 WPS 账号时无法启用云文档同步功能，如图 1–18 所示。为此，应该先登录 WPS 账号。

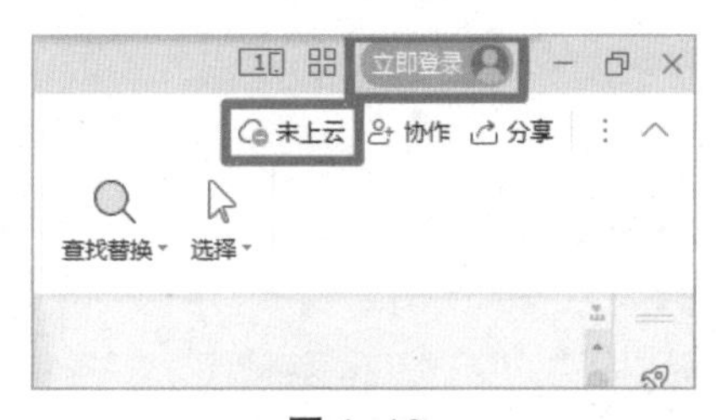

图 1–18

1 单击WPS主界面右上方的【立即登录】按钮，选择适合自己的登录方式，如图1–19所示。

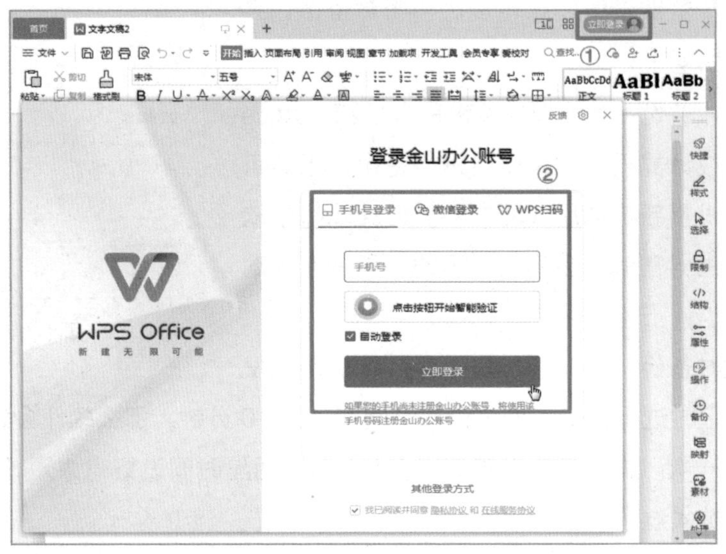

图 1–19

2 登录成功后，单击【未上云】按钮，选择云文档的保存位置，然后在【另存文件】对话框中单击【保存】按钮即可开启云文档同步功能，如图1–20所示。

图 1–20

另外，用户也可以手动将文档同步到云端。将鼠标移动到文档编辑区右上方的【 】上，如图 1-21 所示，如果图标显示为【 有修改】，则说明文档未同步到云端，此时点击该图标即可将文件进行同步。如果图标显示为【 】，则说明文档已同步。

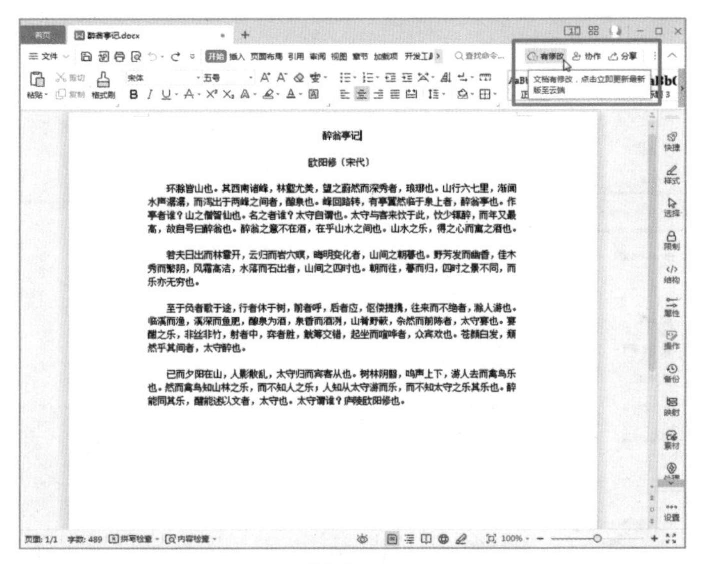

图 1-21

另外，用户也可以在备份中心开启云文档同步功能。前文已经讲过如何打开备份中心，这里就不再赘述。在【备份中心】对话框的右下角，点击【云文档同步】按钮即可，如图 1-22 所示。

图 1-22

当文档成功同步到云端后，用户可以不用在本地文件夹查找，只需单击WPS界面左上角的【首页】按钮，再单击左侧的【文档】选项卡，再单击【我的云文档】按钮，即可在界面中间的列表中找到已同步的文档，如图1–23所示。

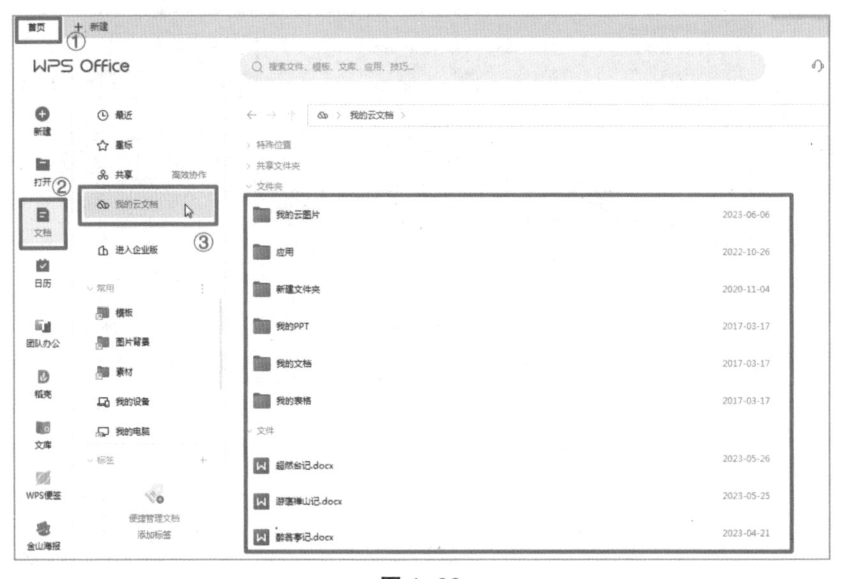

图1–23

“保存”功能与“另存为”功能都是对编辑完成后的文件进行保存操作。使用“保存”功能的文件不仅文件名不变，保存位置也和先前设定的位置相同，实际上是覆盖了先前的文件。而“另存为”功能则是创建了一个新的文件，先前打开的文件不会发生改变。这两种保存方法是根据不同的使用需求设计的。

1.2 输入文档内容

新建空白文档后，就可以在其中输入文档内容了，这是WPS文字最主要的功能之一。文档内容包括文字文本、特殊符号、日期时间等。

1.2.1 输入文字文本

如图 1–24 所示，在 WPS 文字的文档编辑区，有一根不断闪烁的竖线，这是光标。它所在的位置就是输入文本的位置。

新建一个空白文档，输入任意内容，如图 1–25 所示。

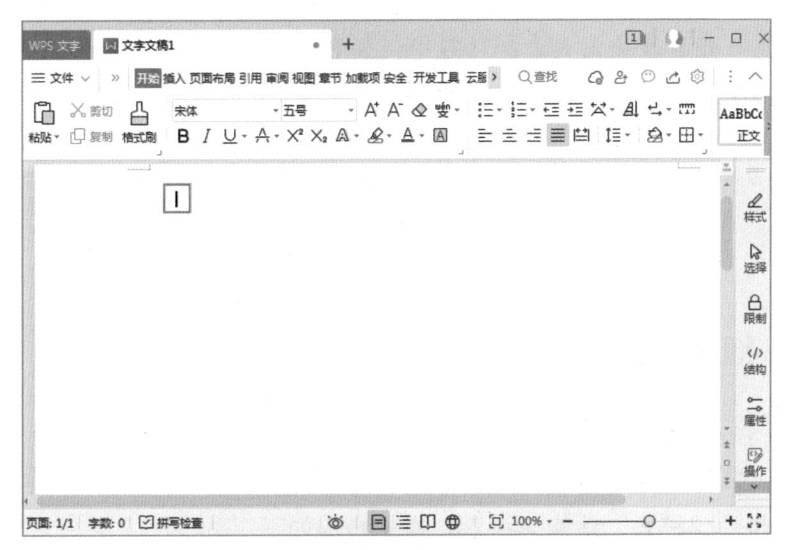

图 1–24

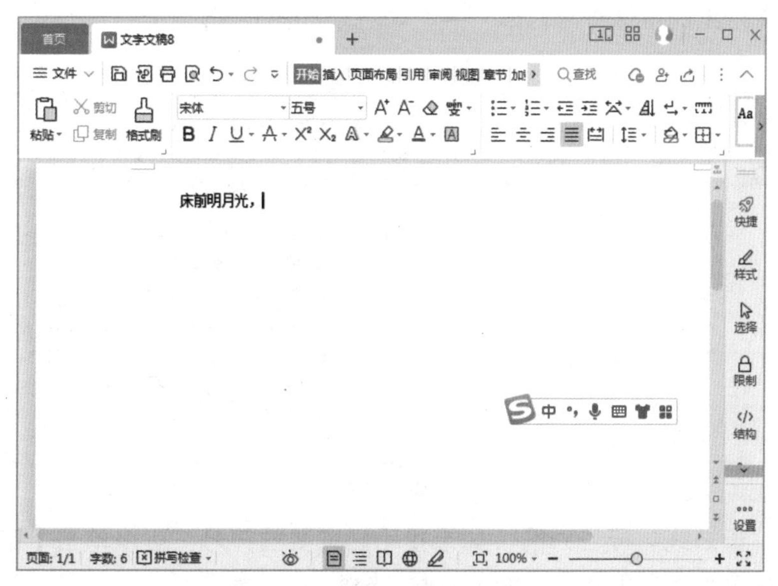

图 1–25

随着文本的输入，光标会自动向右侧移动。当输满一行文本时，光标会自动切换到下一行。若文字不满一行，且需要开启新的段落时，只需要按下【Enter】键进行换行。

用户在输入文本的过程中，如果输入错误想要进行修改，可以按下【BackSpace】键来删除光标前的内容，然后再重新输入。另外，按下【Delete】键可以删除光标后面的内容。这两个键都有删除的功能，用户可以根据实际输入时的需要灵活选择使用。

1.2.2 插入特殊符号

除了输入普通的文字与数字，有时会用到一些符号。常用的标点符号可以通过键盘快速输入，特殊的符号如“①”“¥”“≈”“√”等，可以利用WPS自带的“符号”功能来插入。操作步骤如下：

1. 在【插入】选项卡中单击【符号】下拉按钮，可以在其下拉列表中快速选择常见的特殊符号，以“≈”为例，如图1-26所示。

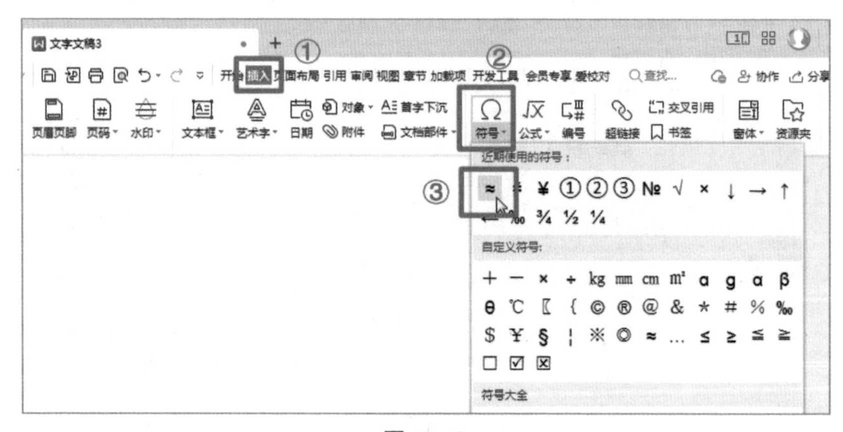

图 1-26

2. 以“长划线”符号为例，如果找不到需要的符号，可以单击【符号】下拉列表底部的【其他符号】选项，如图1-27所示。

图 1-27

3 弹出【符号】对话框，单击对话框上方的【特殊字符】选项卡，选择【长划线】，单击【插入】按钮，单击【关闭】按钮，如图1-28所示。

图 1-28

4 返回文档编辑区，【长划线】符号已经成功插入文档中，如图1-29所示。

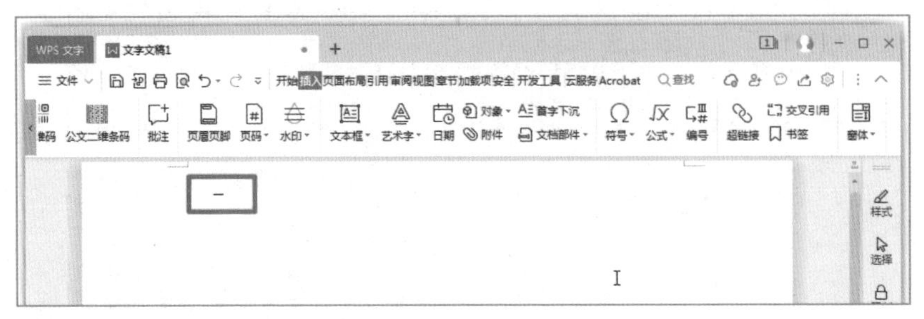

图 1–29

1.2.3 快速输入日期和时间

用户在编辑通知、报告、日记等文档时，经常需要输入时间或日期。除了手动输入，可以使用 WPS 文字自带的日期插入功能进行快速输入，操作步骤如下：

1 单击【插入】选项卡中的【日期】按钮，弹出【日期和时间】对话框，在【可用格式】列表中选择所需要的日期格式，单击【确定】按钮，如图1–30所示。

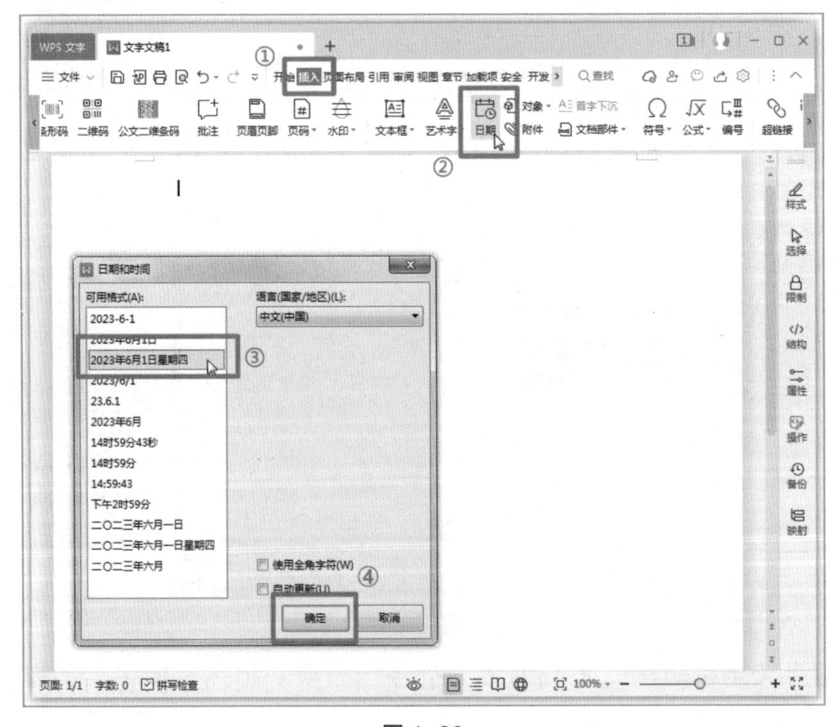

图 1–30

2 选择好日期格式后，当前日期已成功插入到文档中，如图1–31所示。

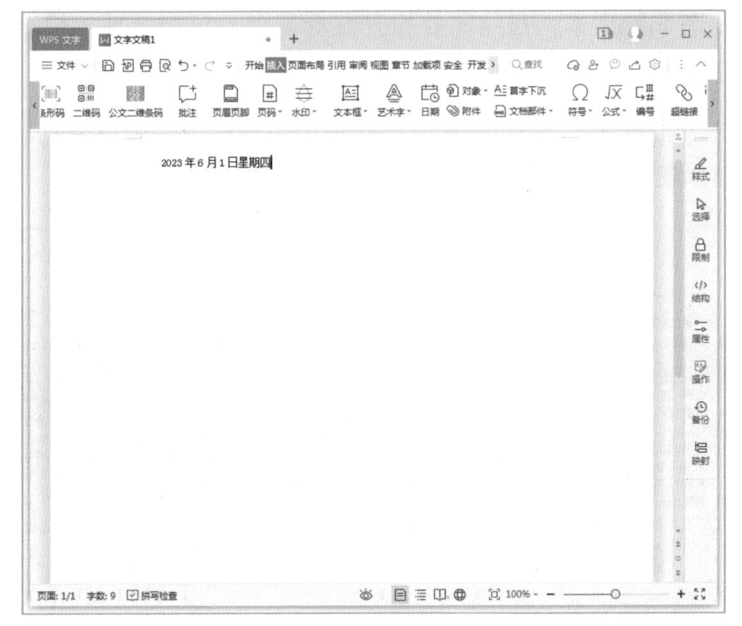

图 1–31

1.3 编辑文档内容

对文档进行编辑是 WPS 文字最重要的功能之一。编辑文档内容的操作包括选择文本，复制和移动文本，查找与替换文本，撤销与恢复操作等。本节将详细介绍这些功能的使用方法。

1.3.1 选中文本

用户在对文档进行复制、删除、格式设置等操作时，都要先将其选中。选择文本的方法有很多，可以根据实际使用情况选择最适合的方法，大致有以下几种情况：

◆选取小段文本：选取小段文本时，最适合的方法就是直接利用鼠标选中。将光标定位到需要选取的文本的前方，按住鼠标左键不放，拖动鼠标指针划过想要选取的文本，在结尾处松开鼠标左键，可以发现，被选取的文本呈灰色底纹显示，如图 1–32 所示。

◆选取一个段落：需要选取一个段落的时候，先按住【Ctrl】键，然后用鼠标左键单击需要选取的段落即可，如图 1–33 所示。

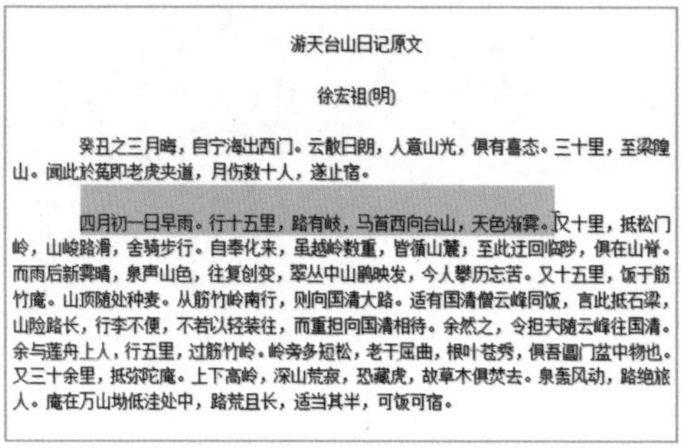

游天台山日记原文

徐宏祖(明)

癸丑之三月晦，自宁海出西门。云散日朗，人意山光，俱有喜态。三十里，至梁隍山。闻此於菟即老虎夹道，月伤数十人，遂止宿。

四月初一日早雨。行十五里，路有岐，马首西向台山，天色渐霁。又十里，抵松门岭，山峻路滑，舍骑步行。自奉化来，虽越岭数重，皆循山麓；至此迂回临陟，俱在山脊。而雨后新霁晴，泉声山色，往复创变，翠丛中山鹃映发，令人攀历忘苦。又十五里，饭于筋竹庵。山顶随处种麦。从筋竹岭南行，则向国清大路。适有国清僧云峰同饭，言此抵石梁，山险路长，行李不便，不若以轻装往，而重担向国清相待。余然之，令担夫随云峰往国清。余与莲舟上人，行五里，过筋竹岭。岭旁多短松，老干屈曲，根叶苍秀，俱吾阊门盆中物也。又三十余里，抵弥陀庵。上下高岭，深山荒寂，恐藏虎，故草木俱焚去。泉轰风动，路绝旅人。庵在万山坳低洼处中，路荒且长，适当其半，可饭可宿。

图 1–32

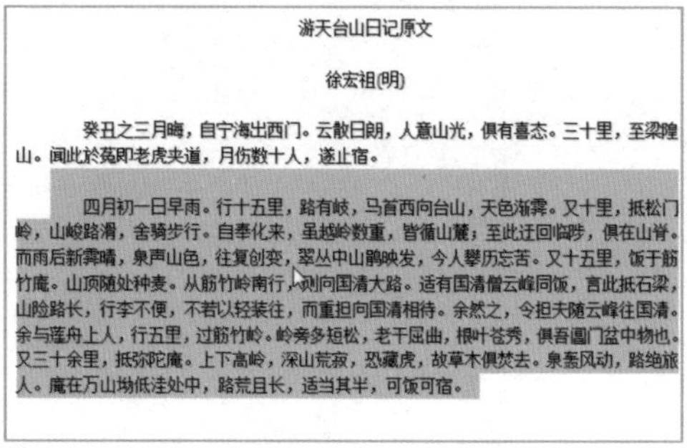

游天台山日记原文

徐宏祖(明)

癸丑之三月晦，自宁海出西门。云散日朗，人意山光，俱有喜态。三十里，至梁隍山。闻此於菟即老虎夹道，月伤数十人，遂止宿。

四月初一日早雨。行十五里，路有岐，马首西向台山，天色渐霁。又十里，抵松门岭，山峻路滑，舍骑步行。自奉化来，虽越岭数重，皆循山麓；至此迂回临陟，俱在山脊。而雨后新霁晴，泉声山色，往复创变，翠丛中山鹃映发，令人攀历忘苦。又十五里，饭于筋竹庵。山顶随处种麦。从筋竹岭南行，则向国清大路。适有国清僧云峰同饭，言此抵石梁，山险路长，行李不便，不若以轻装往，而重担向国清相待。余然之，令担夫随云峰往国清。余与莲舟上人，行五里，过筋竹岭。岭旁多短松，老干屈曲，根叶苍秀，俱吾阊门盆中物也。又三十余里，抵弥陀庵。上下高岭，深山荒寂，恐藏虎，故草木俱焚去。泉轰风动，路绝旅人。庵在万山坳低洼处中，路荒且长，适当其半，可饭可宿。

图 1–33

◆快速选取整行文本：需要选取一整行文本时，先将鼠标指针移到文档左侧的空白区域，当鼠标指针变为【 】时，单击鼠标左键即可选取对应的一整行文本，如图 1–34 所示。按住鼠标左键向下拖动，可以连续选取多行。

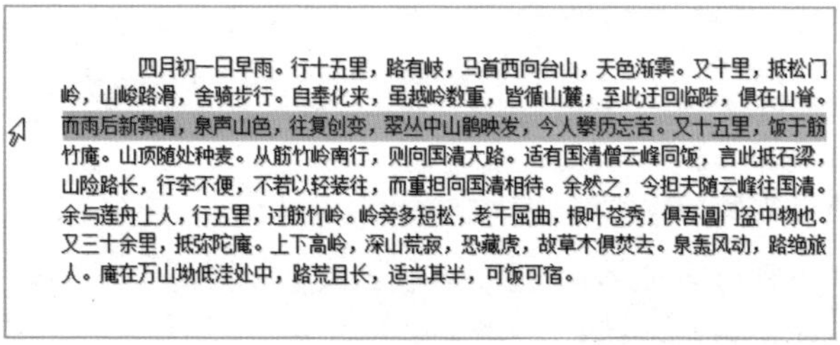

四月初一日早雨。行十五里，路有岐，马首西向台山，天色渐霁。又十里，抵松门岭，山峻路滑，舍骑步行。自奉化来，虽越岭数重，皆循山麓；至此迂回临陟，俱在山脊。而雨后新霁晴，泉声山色，往复创变，翠丛中山鹃映发，令人攀历忘苦。又十五里，饭于筋竹庵。山顶随处种麦。从筋竹岭南行，则向国清大路。适有国清僧云峰同饭，言此抵石梁，山险路长，行李不便，不若以轻装往，而重担向国清相待。余然之，令担夫随云峰往国清。余与莲舟上人，行五里，过筋竹岭。岭旁多短松，老干屈曲，根叶苍秀，俱吾阊门盆中物也。又三十余里，抵弥陀庵。上下高岭，深山荒寂，恐藏虎，故草木俱焚去。泉轰风动，路绝旅人。庵在万山坳低洼处中，路荒且长，适当其半，可饭可宿。

图 1–34

◆选取大段文本：在选取大段的文本时，一直按住鼠标左键拖动十分麻烦。针对这种情况，只需要将光标定位到需要选取的文本的前方，左手按住【Shift】键不放，右手在需要选取的文本的结尾单击鼠标左键即可，如图 1–35 所示。

◆选取整篇文本：选取整篇文本，只需要将光标定位到文本中，然后按下【Alt+A】组合键即可，如图 1–36 所示。

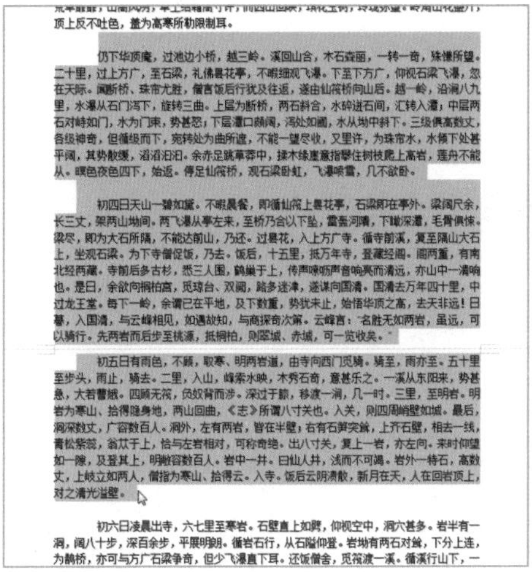

图 1-35

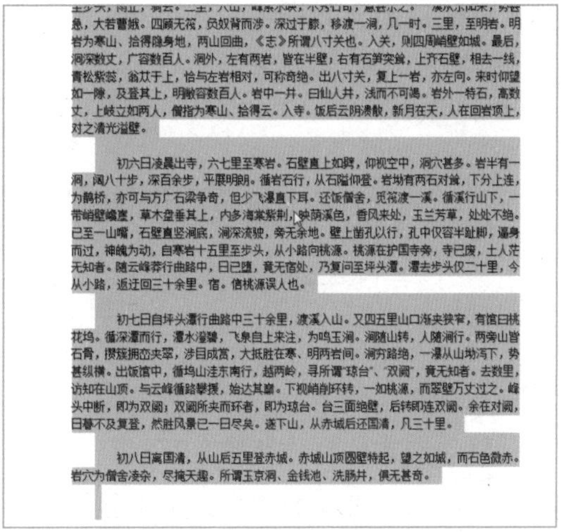

图 1-36

1.3.2 复制、粘贴和移动文本

1.复制与粘贴文本

复制文本的操作步骤如下：

1 选中需要复制的文本，单击鼠标右键，在弹出的快捷菜单中选择【复制】命令或者按下【Ctrl+C】组合键，如图1-37所示。

2 将光标定位到复制的目标位置，单击鼠标右键，在弹出的快捷菜单中选择【粘贴】命令或者按下【Ctrl+V】组合键，如图1-38所示。

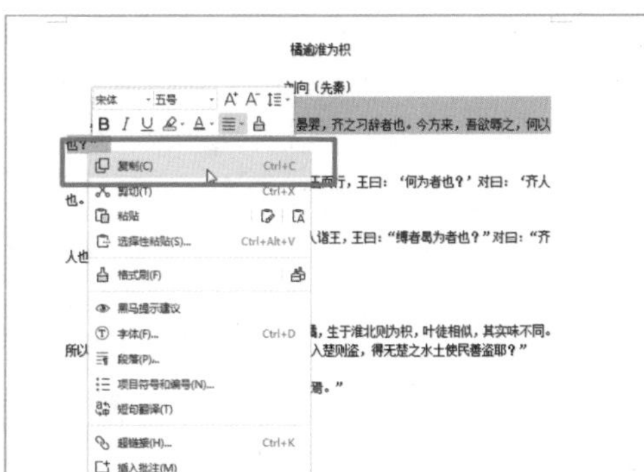

图 1-37

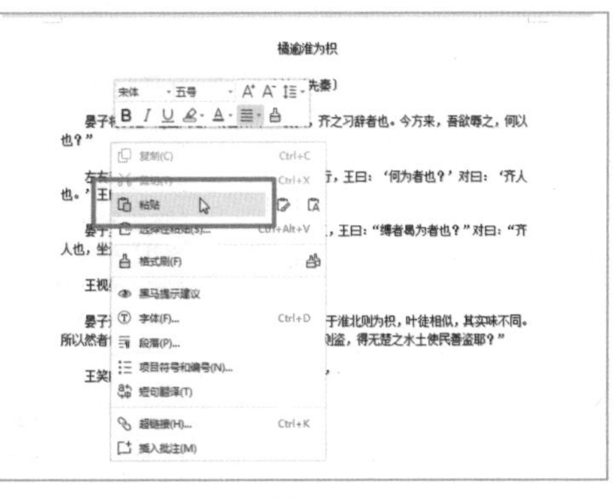

图 1-38

3 粘贴后的文本如图1-39所示。

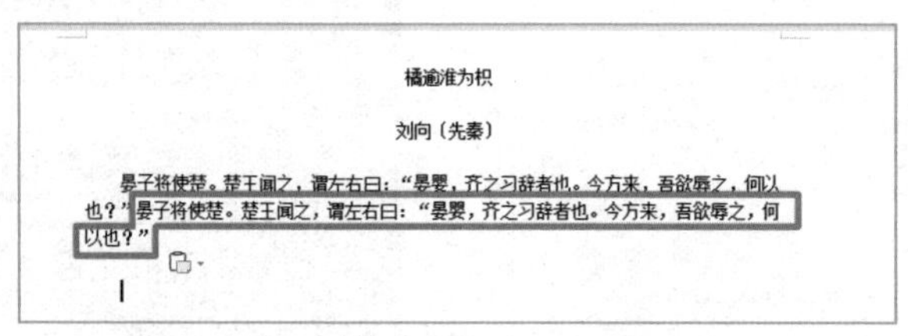

图 1-39

2.移动文本

移动文本的操作步骤如下：

1 选中需要移动的文本，单击鼠标右键，在弹出的快捷菜单中选择【剪切】命令或者按下【Ctrl+X】组合键，如图1-40所示。

2 将光标定位到移动的目标位置，单击鼠标右键，在弹出的快捷菜单中选择【粘贴】命令或者按下【Ctrl+V】组合键，如图1-41所示。

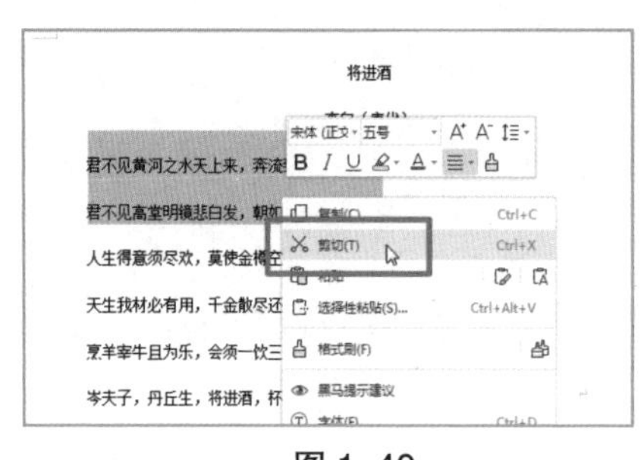

图 1-40

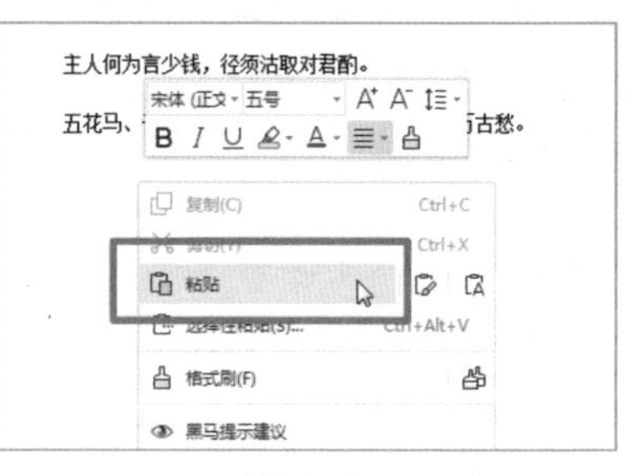

图 1-41

3 移动后的文本如图1-42所示。

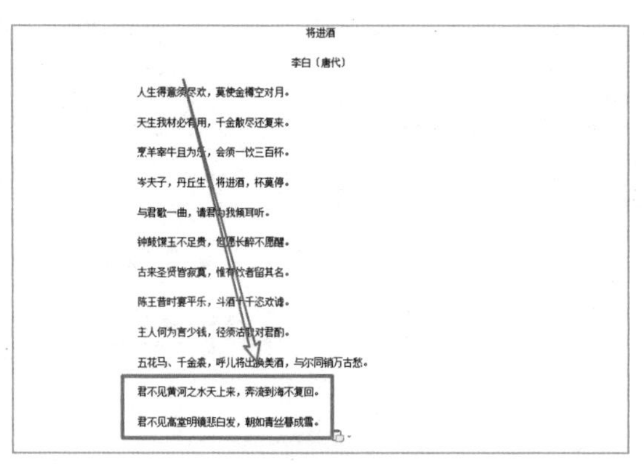

图 1-42

1.3.3 查找与替换文本

1.查找文本

查找文本的操作步骤如下：

1 打开一个文档，以“游天台山日记”为例，在【开始】选项卡下单击【查找替换】按钮或按下【Ctrl+F】组合键，如图1-43所示。

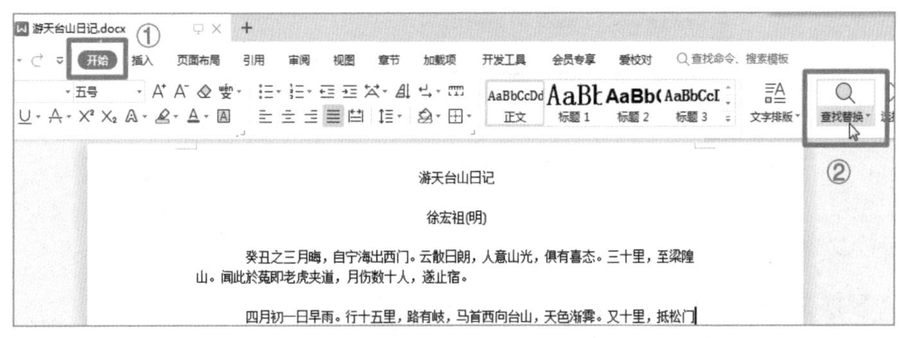

图 1-43

2 弹出【查找和替换】对话框，在【查找内容】文本框中输入要查找的内容，以“初五”为例，然后单击【查找下一处】按钮或按【Enter】键，如图1-44所示。

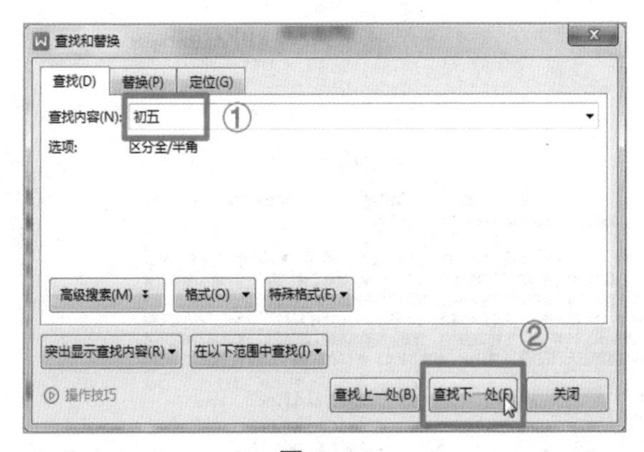

图 1-44

3 查找的内容会呈灰色底纹显示。若要继续查找，可继续单击【查找下一处】按钮或按【Enter】键。若已完成查找，单击【关闭】按钮即可，如图1-45所示。

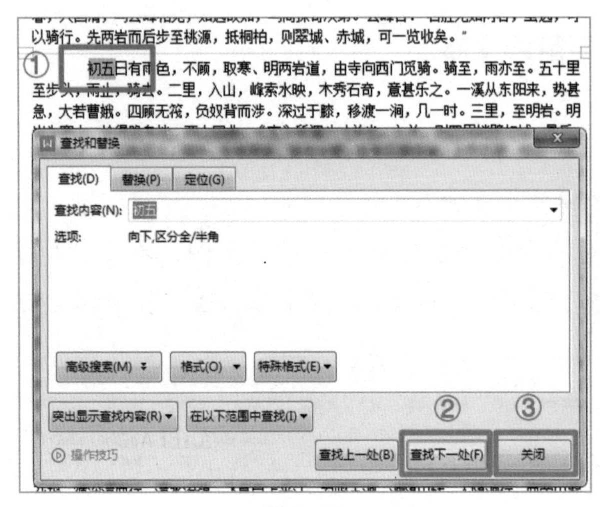

图 1–45

2.替换文本

替换文本的操作步骤如下：

1 打开一个文档，以“游天台山日记”为例，在【开始】选项卡下单击【查找替换】下拉按钮，在其下拉列表中单击【替换】按钮，或按下【Ctrl+H】组合键，如图1–46所示。

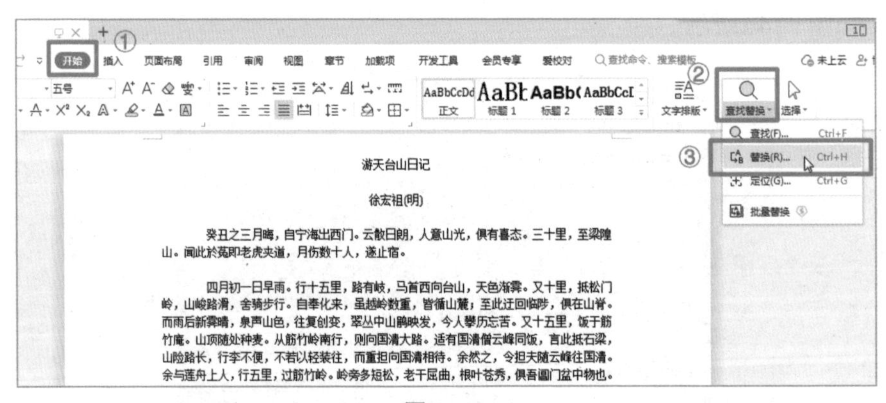

图 1–46

2 弹出【查找和替换】对话框，在【查找内容】文本框中输入需要替换的内容，以“三十”为例，在【替换为】文本框中输入正确的内容，如“30”，然后单击【全部替换】按钮，如图1–47所示。系统提示替换已经完成，如图1–48所示。

图 1–47

图 1–48

3 返回文档编辑区，文档中所有的“三十”已被替换为“30”，如图1–49所示。

无知者。随云峰莽行曲路中，日已堕，竟无宿处，乃复问至坪头潭。潭去步头仅二十里，今从小路，返迂回30余里。宿。信桃源误人也。

初七日自坪头潭行曲路中30余里，渡溪入山。又四五里山口渐夹狭窄，有馆曰桃花坞。循深潭而行，潭水澄碧，飞泉自上来注，为鸣玉涧。涧随山转，人随涧行。两旁山皆石骨，攒簇拥峦夹翠，涉目成赏，大抵胜在寒、明两岩间。涧穷路绝，一瀑从山坳泻下，势甚纵横。出饭馆中，循坞山洼东南行，越两岭，寻所谓“琼台”、“双阙”，竟无知者。去数里，访知在山顶。与云峰循路攀援，始达其巅。下视峭削环转，一如桃源，而翠壁万丈过之。峰头中断，即为双阙；双阙所夹而环者，即为琼台。台三面绝壁，后转即连双阙。余在对阙，日暮不及复登，然胜风景已一日尽矣。遂下山，从赤城后还国清，凡30里。

初八日离国清，从山后五里登赤城。赤城山顶圆壁特起，望之如城，而石色微赤。岩穴为僧舍凌杂，尽掩天趣。所谓玉京洞、金钱池、洗肠井，俱无甚奇。

图 1–49

实用贴士

熟练掌握查找、替换功能可以帮用户快速整理文档。比如当文档中有很多空格，使文档看起来非常乱时，可以选中一个空格再按下【Ctrl+H】组合键，不在【替换为】文本框中输入任何内容，直接单击【全部替换】，文档中所有的空格就会消失不见。

1.3.4 撤销与恢复操作

1.撤销

WPS 会自动记录用户在编辑文档中进行过的操作。当用户进行了错误的操作，想要取消刚刚的操作时，可以通过撤销功能来实现。

◆单击快捷工具栏中的【↶】按钮或者按下【Ctrl+Z】组合键，可取消刚刚执行的操作，如图 1–50 所示。多次单击该按钮或按下【Ctrl+Z】组合键可取消最近执行过的多次操作。

2.恢复

用户在撤销某一操作后，也可以通过恢复功能将被取消的操作恢复原状。

◆单击快捷工具栏中的【↷】按钮或者按下【Ctrl+Y】组合键，可将被撤销的操作还原，如图 1–51 所示。多次单击该按钮或按下【Ctrl+Y】组合键可还原被撤销一系列操作。

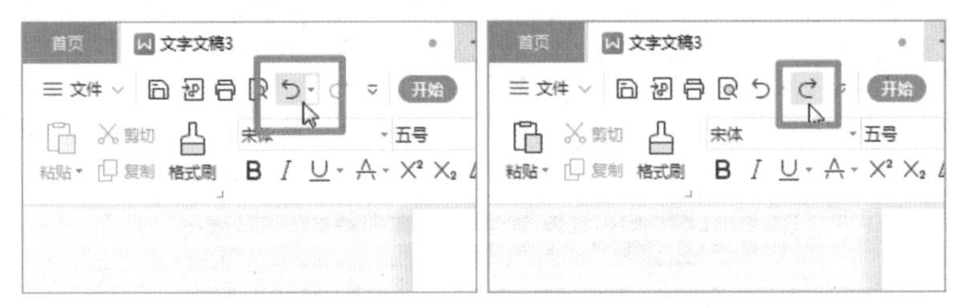

图 1–50　　图 1–51

Chapter

02

第 2 章

编辑文档格式与排版

导读 ▷

一份结构清晰、设计合理、布局美观的文档，可以让人在阅读时感到轻松和舒畅。如果一份文档字形过于单调或复杂、布局过于简单或混乱，都会影响阅读者的感受。因此学会编辑文档格式与排版十分重要，本章将详细介绍如何编辑文档格式与排版。

学习要点：★学会设置文本格式

★学会设置段落格式

★学会设置文档页面

2.1 设置文本格式

在 WPS 文字中可以对文本的字体、字号、字体颜色进行调整，也可以对文本进行加粗、倾斜、增加下划线、增加删除线等设置，以突出重点、美化文档。

2.1.1 设置字体、字号和字体颜色

WPS 文字默认的文本格式中，字体为宋体，字号为五号，字体颜色为黑色，用户可以根据个人需要对文本格式进行调整。

1.统一设置文本字体、字号和字体颜色

1 打开一个文档，以“岳阳楼记”为例。选中需要调整格式的文本，在【开始】选项卡下单击【字体】启动器，如图2-1所示。

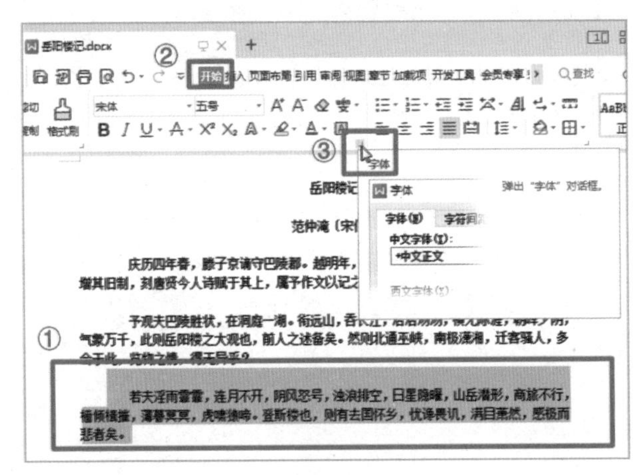

图 2-1

2 弹出【字体】对话框，在【中文字体】下拉列表中选择【楷体】，在【字形】列表框中选择【常规】选项，在【字号】列表框中选择【小三】选项，如图2-2所示。

3 单击【字体颜色】下拉按钮，在下拉列表中选择【蓝色】选项，单击【确定】按钮，如图2-3所示。

图 2-2　　　　图 2-3

4 返回文档编辑区，即可看到字体格式已调整完成，如图2-4所示。

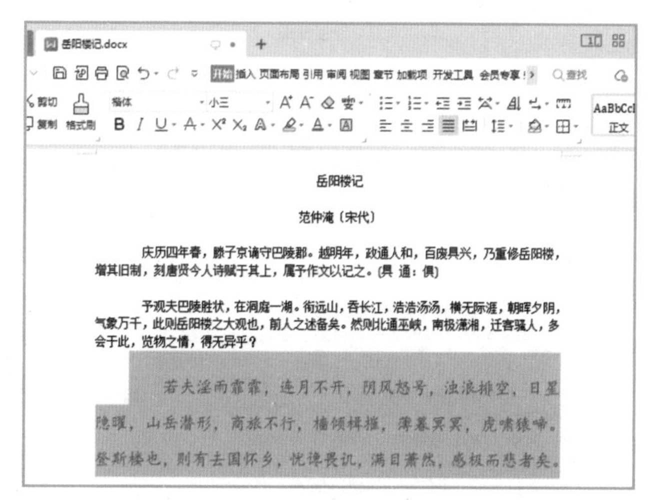

图 2-4

2.分别设置文本字体、字号和字体颜色

除上述方法外，用户也可以对字体、字号、字体颜色分别进行设置，具体操作如下：

1 在【开始】选项卡中单击【字体】下拉按钮，在弹出的下拉列表中选择字体，如图2-5所示。

2 单击【字号】下拉按钮，在弹出的下拉列表中选择字号，如图2-6所示。

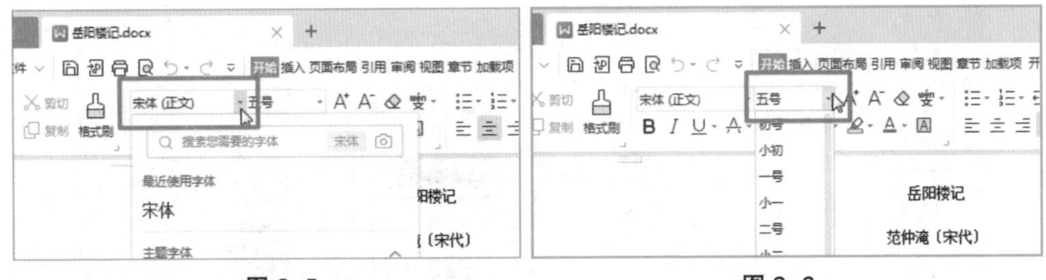

图 2-5　　图 2-6

3 单击【字体颜色】下拉按钮，在弹出的下拉列表中选择字体颜色，如图2-7所示。

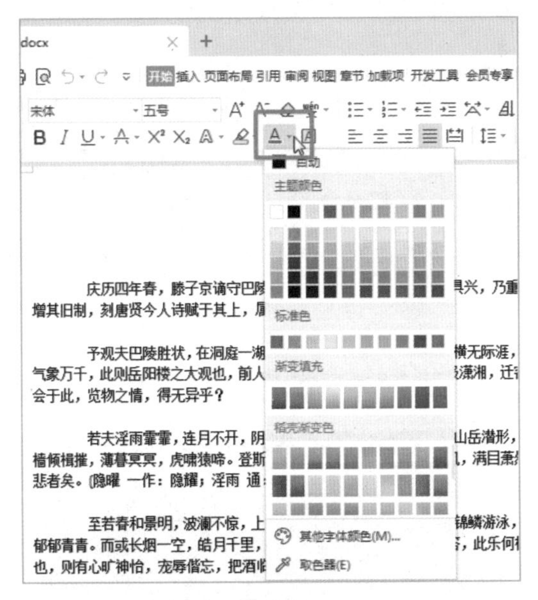

图 2-7

2.1.2 设置加粗、倾斜和下划线效果

为了使文档中的某些文字变得更加醒目，或进行强调，用户可以对文本内容设置加粗、倾斜或设置下划线的效果，操作步骤如下：

1 选中要设置加粗效果的文本，单击【开始】选项卡中的【加粗】按钮即可，如图2-8所示。

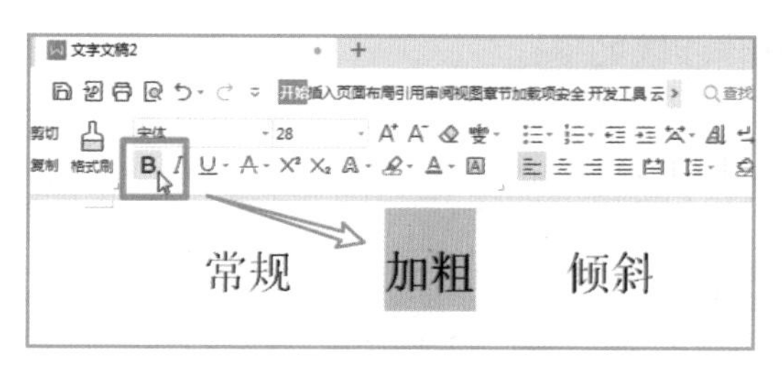

图 2-8

2 选中要设置倾斜效果的文本，单击【开始】选项卡中的【倾斜】按钮即可，如图2-9所示。

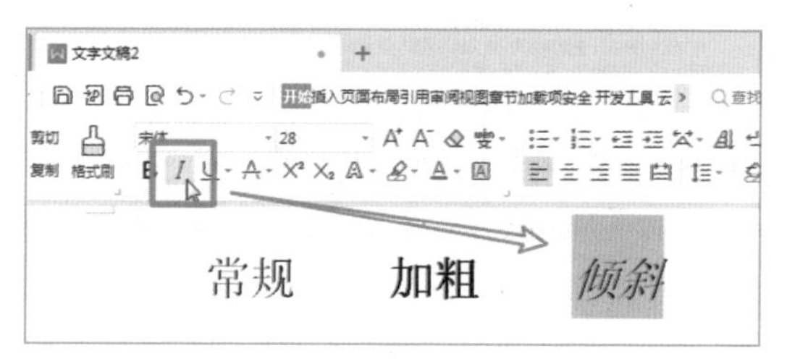

图 2-9

3 选中要设置下划线效果的文本，单击【开始】选项卡中的【下划线】按钮即可，如图2-10所示。

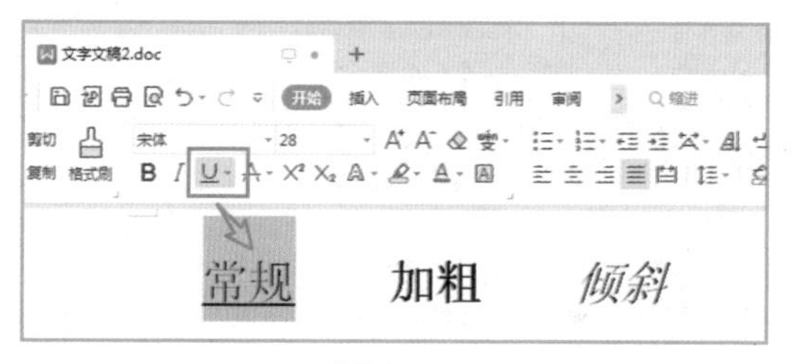

图 2-10

实用贴士

如果想要取消给字体设置的加粗、倾斜、下划线，只需选中有该效果的文本，然后再次单击相应的功能按钮即可。

2.1.3 设置突出显示

突出显示其实就是给文字加上底纹，可以让文字变得更加醒目，也有美化文本的作用，操作步骤如下：

1 打开“游褒禅山记”文档，选中需要调整的文本，单击【开始】选项卡下的【突出显示】按钮，如图2-11所示。

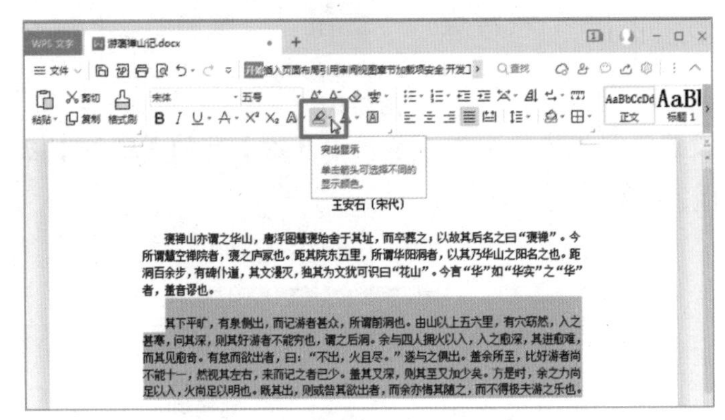

图 2-11

2 在下拉菜单中选择需要的颜色并单击，以黄色为例，效果如图2-12所示。

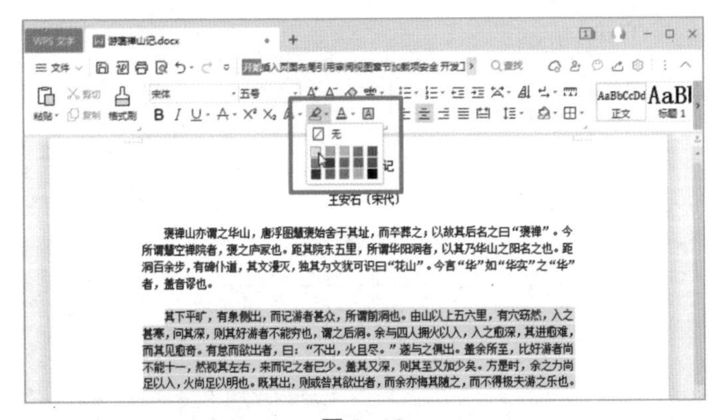

图 2-12

2.1.4 设置字符间距

字符间距是指两个字符之间的距离，包括三种类型，分别是标准、加宽和紧缩。设置字符间距的操作步骤如下：

1 打开一个文档，以“游褒禅山记”为例，选中需要调整的文本，在【开

始】选项卡下单击【字体】启动器，如图2-13所示。

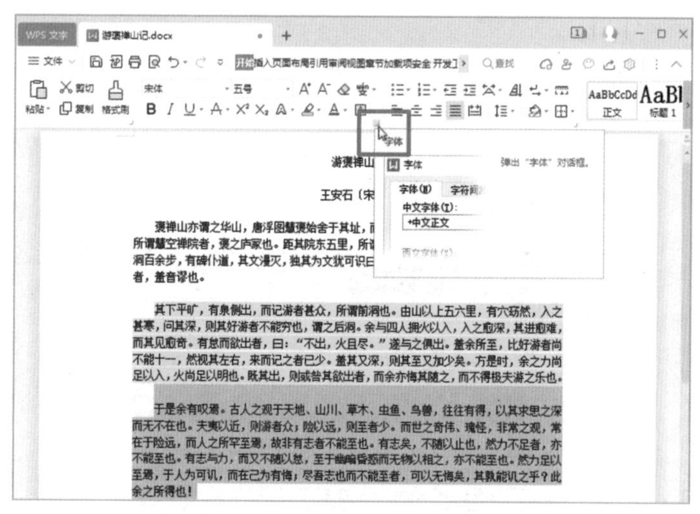

图 2-13

2 弹出【字体】对话框，单击【字符间距】选项卡，在【间距】选项中单击【标准】下拉按钮，选择【紧缩】选项，然后单击【确定】按钮，如图2-14所示。

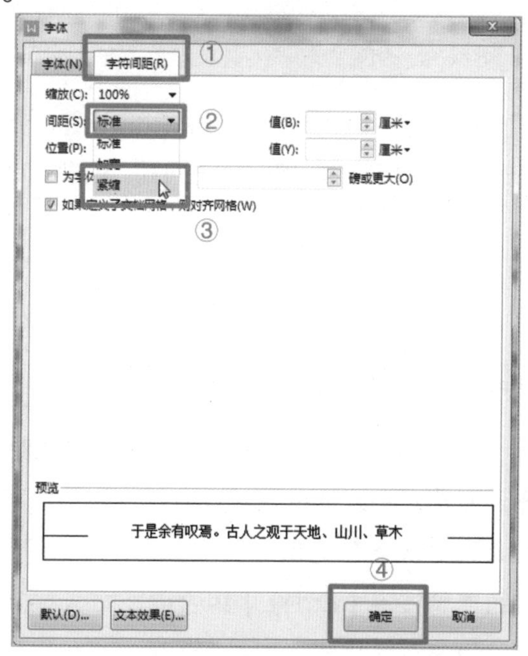

图 2-14

3 返回文档编辑区，即可看到字符间距设置效果，如图2-15所示。

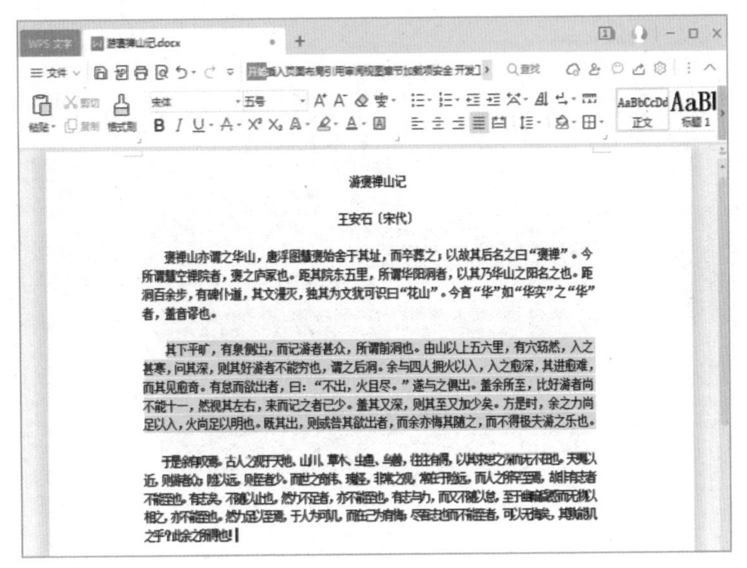

图 2-15

2.2 设置段落格式

用户在日常办公的时候，除了要对文本格式进行设置，还需要对段落格式进行设置。设置段落格式包括设置段落的对齐方式、缩进、间距行距以及项目符号等。

2.2.1 设置段落的对齐方式

在文档中可以为不同的段落设置不同的对齐方式，对齐方式有左对齐、右对齐、居中对齐、两端对齐以及分散对齐，操作步骤如下：

1 打开一个文档，以“关雎”为例。选中文本，单击【开始】选项卡下的【左对齐】按钮或者按下【Ctrl+L】组合键，如图2-16所示。

2 文本已经被设置为左对齐格式，如图2-17所示。

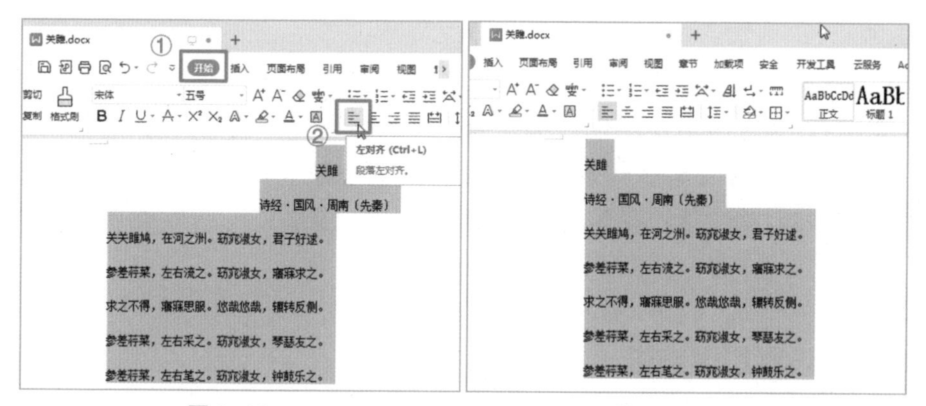

图 2-16　　　　图 2-17

居中对齐、右对齐、两端对齐、分散对齐的按钮位置如图 2-18 所示。它们的设置方法与左对齐相同，这里就不再赘述，效果分别如图 2-19、2-20、2-21、2-22 所示。

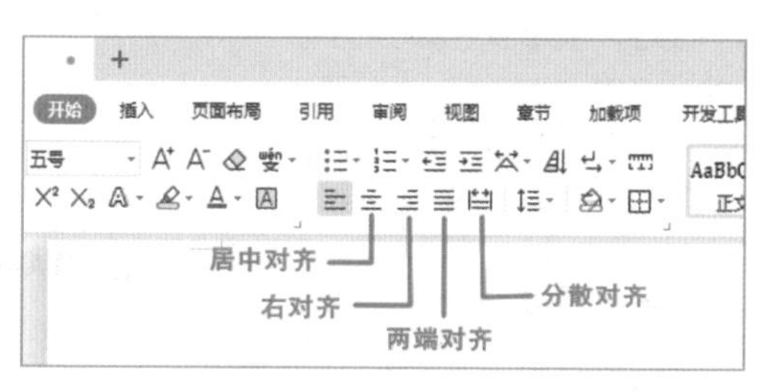

图 2-18

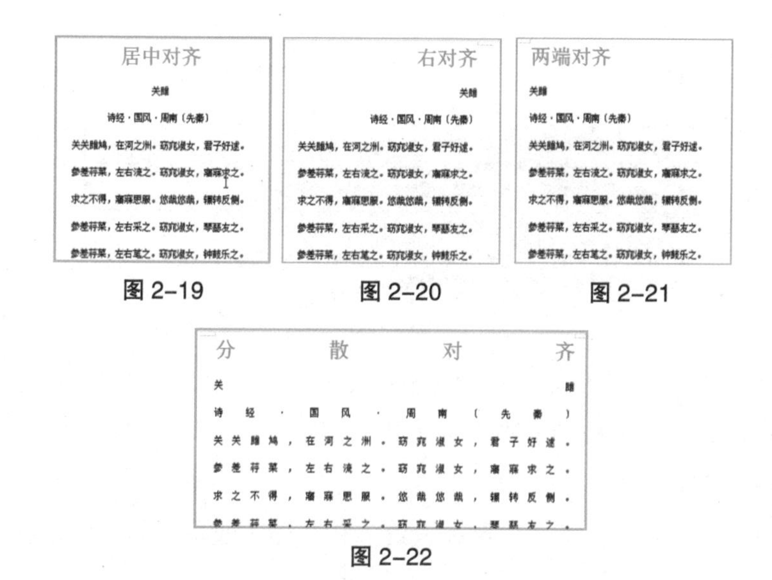

图 2-19　　　　图 2-20　　　　图 2-21

图 2-22

实用贴士

设置某一个段落的格式时，可以选中这一段落，也可以将光标定位到段落中。如果要同时设置多个段落和整篇文章的格式，则应该选中这些段落或整篇文章再进行设置。

2.2.2 设置段落缩进

通常来说，文档中的段落都需要缩进。段落的缩进分为左缩进、右缩进、首行缩进以及悬挂缩进，其中，首行缩进最为常用。设置段落缩进的操作步骤如下：

1 打开一个文档，以“出师表”为例。选中第一段，在【开始】选项卡下，单击【段落】启动器，如图2-23所示。

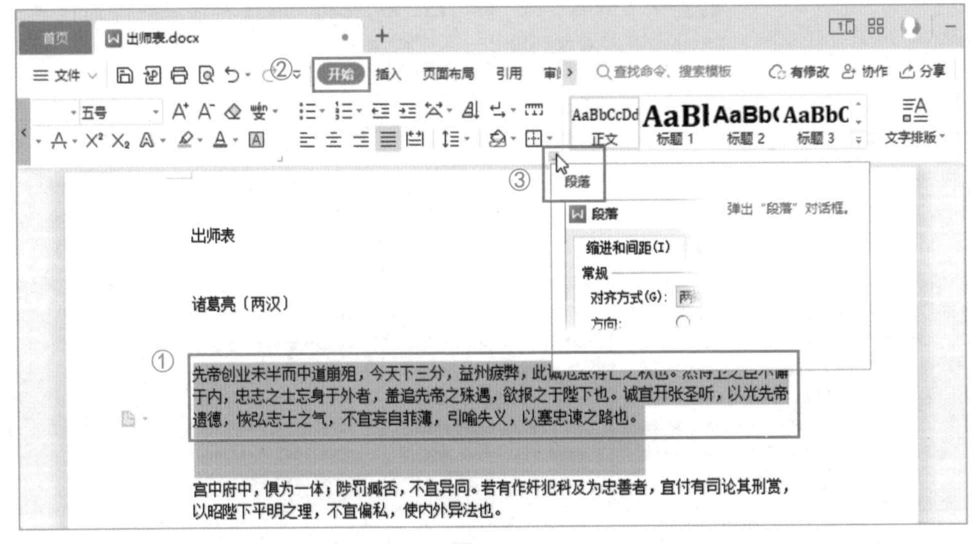

图 2-23

2 弹出【段落】对话框，在【缩进和间距】选项卡下单击【特殊格式】的下拉按钮，在下拉列表中选择【首行缩进】选项，单击【确定】按钮，如图2-24所示。

3 返回文档编辑区，第一段已经设置为首行缩进效果，如图2-25所示。

图 2-24

出师表

诸葛亮（两汉）

先帝创业未半而中道崩殂，今天下三分，益州疲弊，此诚危急存亡之秋也。然侍卫之臣不懈于内，忠志之士忘身于外者，盖追先帝之殊遇，欲报之于陛下也。诚宜开张圣听，以光先帝遗德，恢弘志士之气，不宜妄自菲薄，引喻失义，以塞忠谏之路也。

宫中府中，俱为一体；陟罚臧否，不宜异同。若有作奸犯科及为忠善者，宜付有司论其刑赏，以昭陛下平明之理，不宜偏私，使内外异法也。

侍中、侍郎郭攸之、费祎、董允等，此皆良实，志虑忠纯，是以先帝简拔以遗陛下。愚以为宫中之事，事无大小，悉以咨之，然后施行，必能裨补阙漏，有所广益。

图 2-25

2.2.3 设置行距和段间距

在进行段落格式设置时，也需要注意设置行距和段间距，合理的间隔会使文档看起来更加美观。

1.行距

设置行距的操作步骤如下：

1 打开一个文档，以“出师表”为例。选中全文，在【开始】选项卡下，单击【段落】启动器，如图2-26所示。

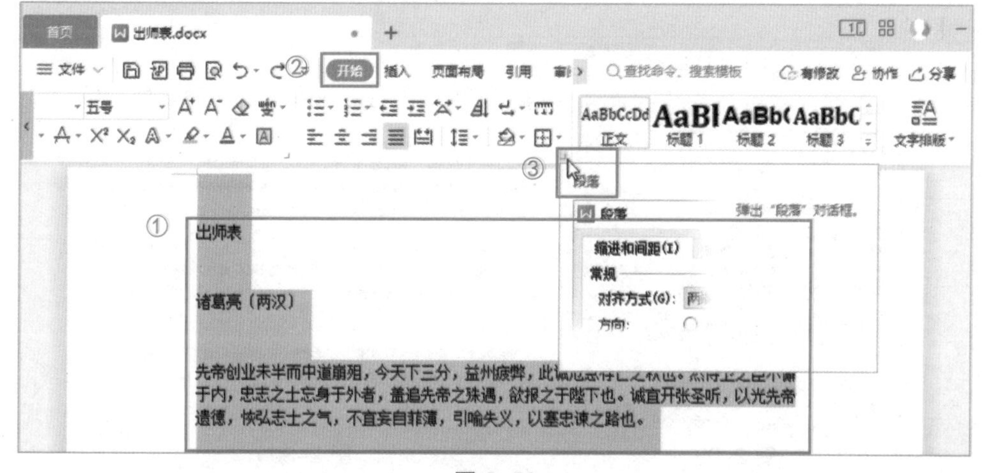

图 2-26

2 弹出【段落】对话框，在【缩进和间距】选项卡下，在【行距】下拉列表中选择【多倍行距】选项，在【设置值】文本框中输入“1.5”，然后单击【确定】按钮，如图2-27所示。

3 返回文档编辑区，文本行距已被调整为原来的1.5倍，如图2-28所示。

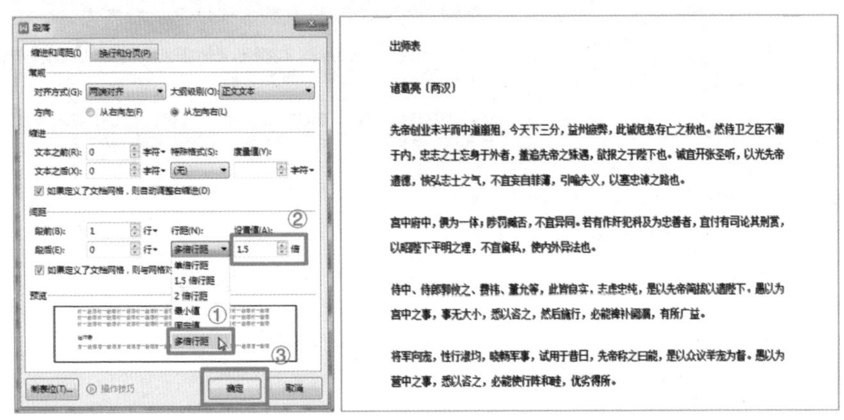

图 2-27　　　　图 2-28

2.段间距

设置段间距的操作步骤如下：

1 同样选中全文，如上操作，打开【段落】对话框，在【缩进和间距】选项卡下的【间距】栏中的【段前】文本框内输入“2”，“段后”文本框内输入“2”，单击【确定】按钮，如图2-29所示。

2 返回文档编辑区，每段的前、后均增加了2行的距离，如图2-30所示。

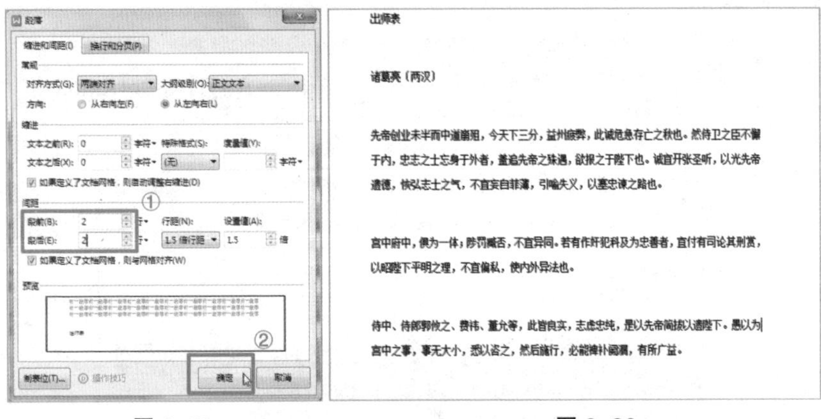

图 2-29　　　　图 2-30

2.3 设置文档页面

新建一个文档后，可以对文档的页面大小、页边距、边框以及水印等进行设置，这样可以起到美化文档的作用。

2.3.1 设置页面大小

不同的文档内容对应不同的页面大小，系统默认情况下，页面为A4尺寸。根据不同的需要可以设置不同的页面大小，操作步骤如下：

1 新建一个空白文档，单击【页面布局】选项卡，单击【纸张大小】下拉按钮，选择【7号信封】选项，如图2-31所示。

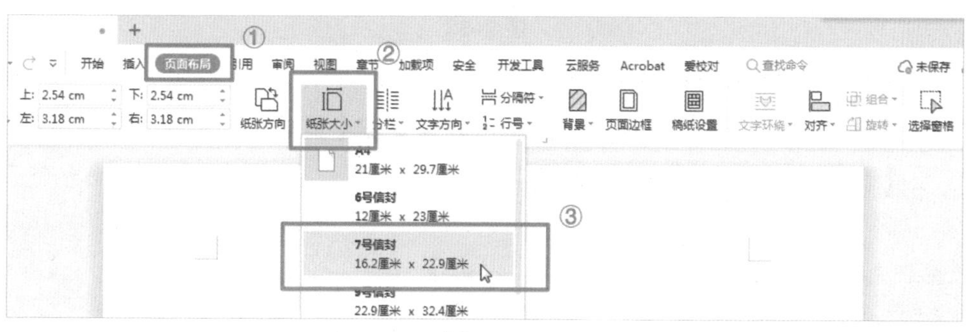

图 2-31

2 此时页面大小已经发生改变，如图2-32所示。

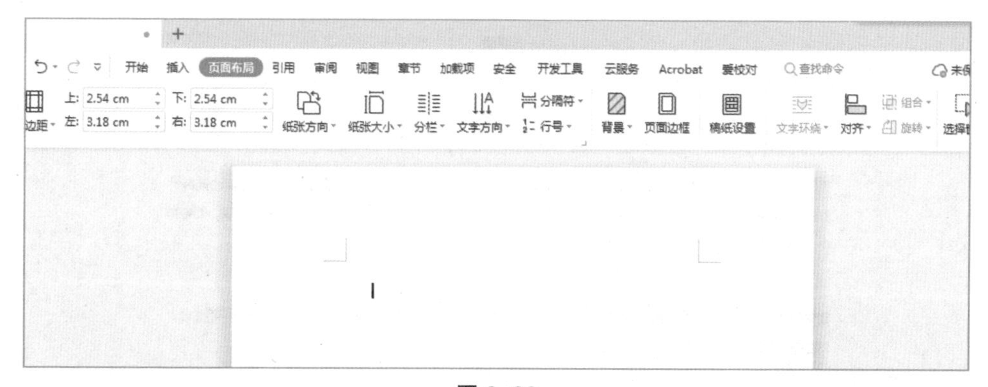

图 2-32

2.3.2 设置页边距

对页边距进行设置可以起到控制文档正文位置的作用，合适的页边距会让整个文档看上去美观很多，操作步骤如下：

1 打开一个文档，以“出师表”为例，单击【页面布局】选项卡，单击【页边距】下拉按钮，在下拉列表中选择【窄】选项，如图2-33所示。

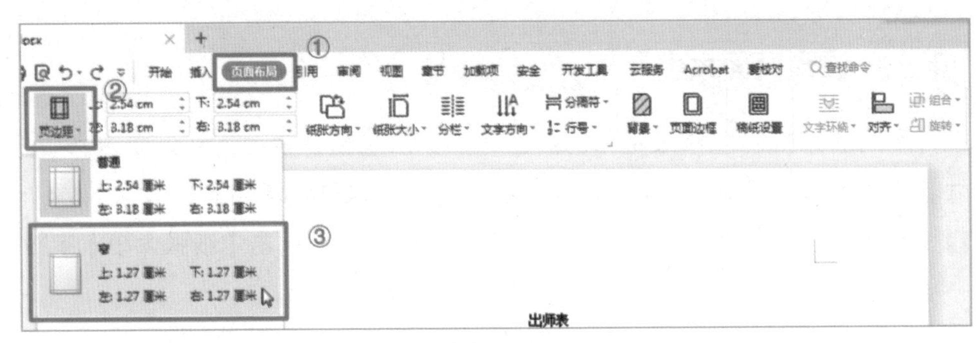

图 2-33

2 调整后的页边距如图2-34所示。

另外，WPS也支持自定义页边距，只需要在【页边距】下拉列表中选择【自定义页边距】按钮即可。

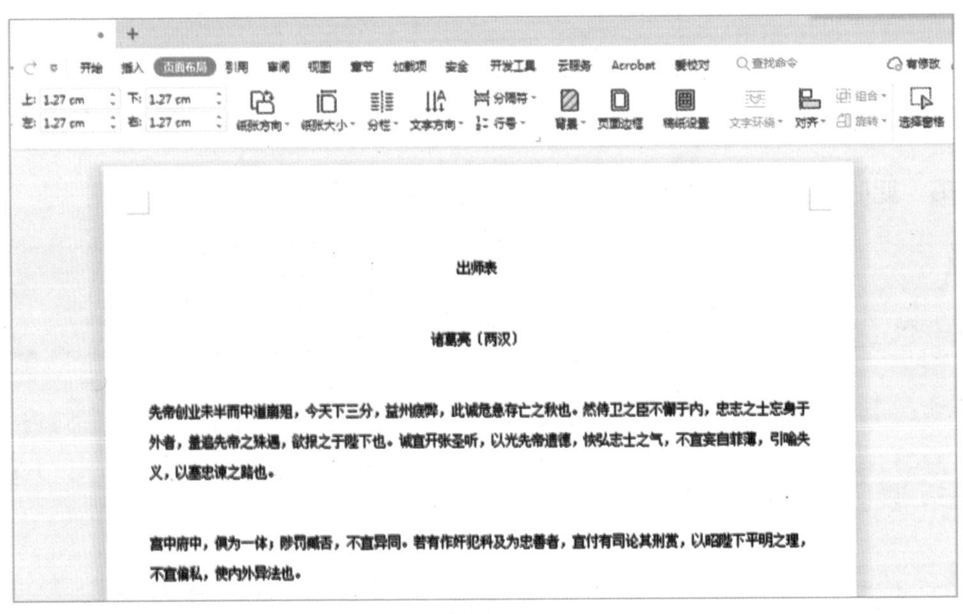

图 2-34

Chapter

03

第 3 章

文档的丰富化处理

导读 ▷

用户在制作文档时，经常需要将图片、艺术字、表格等内容插入文档中，使文档内容变得丰富、美观，同时也有助于他人理解文档内容。掌握文档的丰富化处理技巧，可以使文档变得图文并茂。本章将详细介绍文档的丰富化处理技巧。

学习要点：★学会在文档中插入与编辑图片

★学会在文档中插入与编辑艺术字

★学会在文档中插入与编辑表格

3.1 在文档中插入与编辑图片

用户在制作海报、宣传画册、产品说明书等文档时，往往需要在文档中插入图片配合文字进行说明。WPS 文字带有图片编辑功能，用户可以通过 WPS 文字在文档中插入并编辑图片。

3.1.1 在文档中插入图片

1.插入本地文件夹中的图片

插入本地文件夹中的图片的操作步骤如下：

1 打开一个文档，以“爱莲说”为例，单击【插入】选项卡下的【图片】下拉按钮，在下拉列表中单击【本地图片】选项，如图3-1所示。

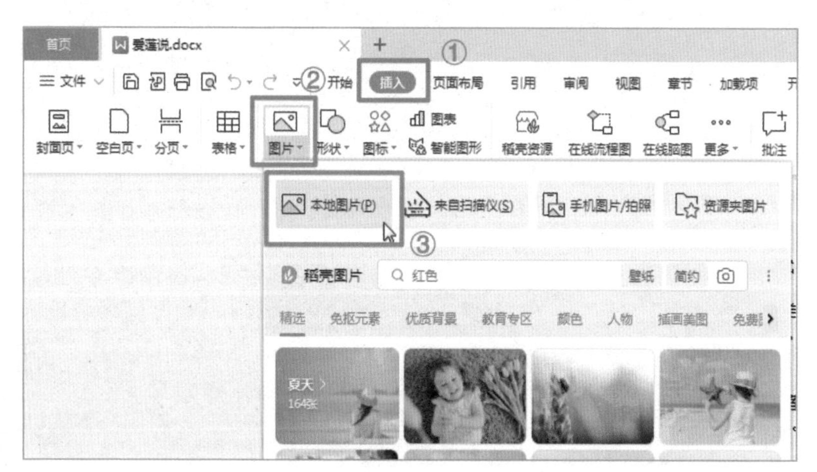

图 3-1

2 弹出【插入图片】对话框，在本地文件夹中选择需要插入的图片，单击【打开】按钮，如图3-2所示。

3 有时候，用户选择的图片尺寸或内存过大，软件会提示用户进行压缩，单击【设置压缩效果】按钮，如图3-3所示。

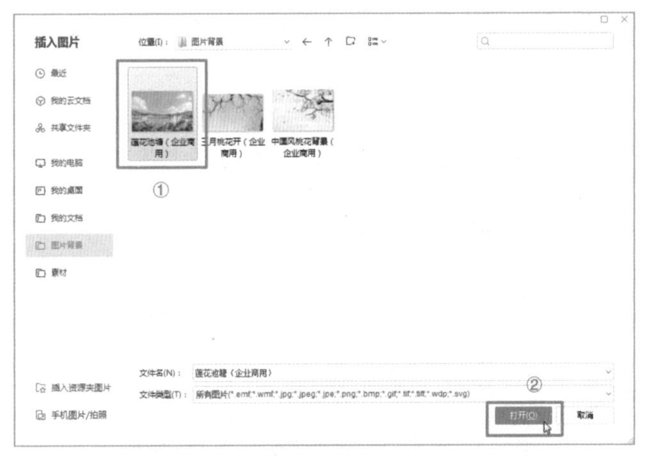

图 3-2

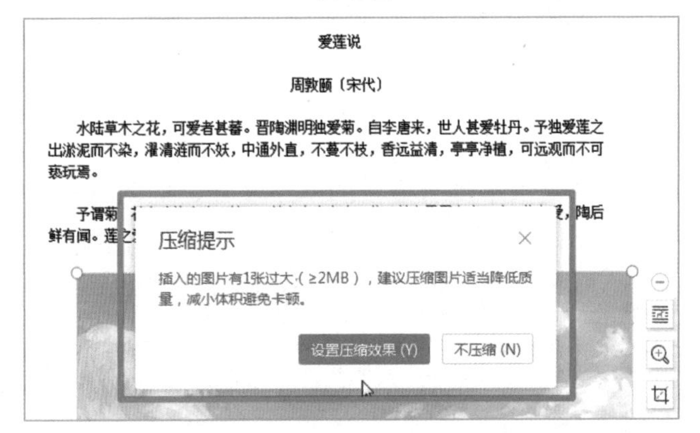

图 3-3

4 打开【图片压缩】对话框，单击【普通压缩】单选按钮，单击【完成压缩】按钮，如图3-4所示。

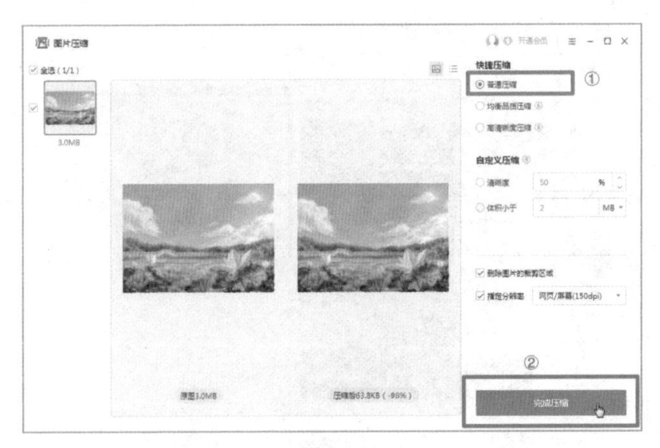

图 3-4

5 返回文档编辑区，图片已成功插入文档中，如图3-5所示。

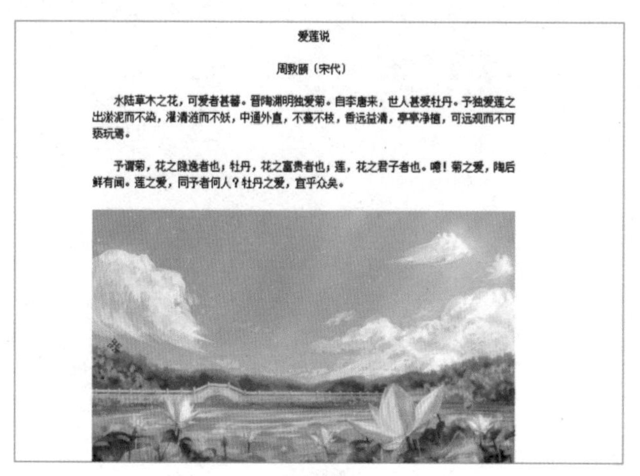

爱莲说

周敦颐（宋代）

水陆草木之花，可爱者甚蕃。晋陶渊明独爱菊。自李唐来，世人甚爱牡丹。予独爱莲之出淤泥而不染，濯清涟而不妖，中通外直，不蔓不枝，香远益清，亭亭净植，可远观而不可亵玩焉。

予谓菊，花之隐逸者也；牡丹，花之富贵者也；莲，花之君子者也。噫！菊之爱，陶后鲜有闻。莲之爱，同予者何人？牡丹之爱，宜乎众矣。

图 3-5

2.插入WPS提供的网络图片

WPS 为会员用户提供了带有授权的网络图片，插入这些图片的操作步骤如下：

单击【插入】选项卡下的【图片】下拉按钮，在下拉列表的搜索框中输入需要搜索的图片，以“莲花”为例，在下方的浏览列表中选择想要的图片，点击大图确定即可，如图 3-6 所示。

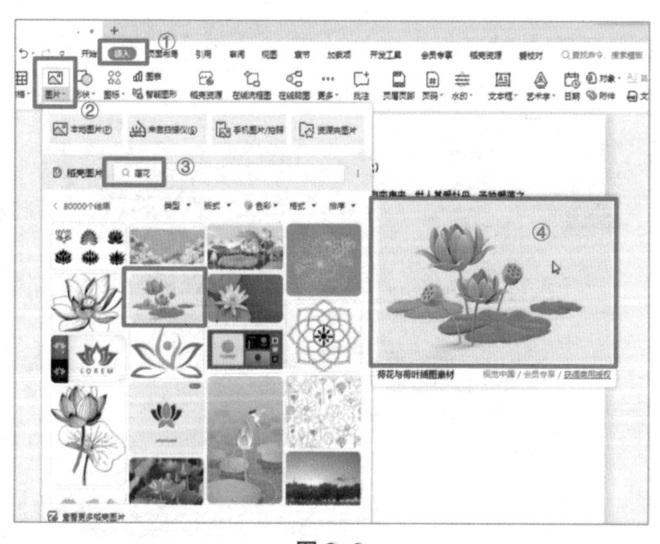

图 3-6

实用贴士

有些用户在文档中插入了很多张图片，想要在文档中找到某张图片时，因为文档太长或内容太多而不容易找到。此时用户往往会选择快速滚动鼠标滚轮寻找图片。实际上，用户只需要单击【视图】选项卡中的【导航窗格】按钮，在左侧的搜索框中输入“^g”，就可以快速定位文档中的每一张图片，快速进行查找。

3.1.2 编辑文档中的图片

1.调整图片大小

调整图片大小有两种方式，可以通过设置图片的具体参数进行调整，也可以手动拖拽图片进行调整。

通过设置图片的具体参数进行调整的操作步骤如下：

1 选中文档中的图片。此时，标题栏下方出现了【图片工具】选项卡，在该选项卡的功能区中可以通过输入具体数值来调整图片大小，如图3–7所示。

图 3–7

2 将高度修改为6.00厘米，按下【Enter】键，系统会自动根据图片比例缩放图片，如图3-8所示。

图 3-8

通过手动拖拽图片进行调整的操作步骤如下：

1 选中图片，可以发现在图片周围有8个控制点，将鼠标指针放置在四角处的控制点上，鼠标指针变成【↘】形状，如图3-9所示。

图 3-9

2 此时按住鼠标左键不放并且向对角方向拖动就可以自由调整图片大小，在合适位置释放鼠标即可完成调整，如图3-10所示。

图 3-10

3 还可以通过这种方式调整图片的长宽比例。将鼠标指针放在图片四边处的控制点上，鼠标指针变成双箭头形状，按住鼠标左键不放并拖动就可以调整图片的长宽比例，在合适位置释放鼠标即可完成调整，如图3-11所示。

图 3-11

2.裁剪图片

1 选中图片，单击【图片工具】选项卡下的【裁剪】按钮，或直接单击图片右侧的【 ⊡ 】按钮，如图3-12所示。

图 3-12

2 此时图片四周出现8个黑色的控制点，如图3-13所示。将鼠标指针放在控制点上，按住鼠标左键不放并拖动就可以进行裁剪，在合适的位置释放鼠标即可完成裁剪，如图3-14所示。

图 3-13

图 3-14

3.给证件照更换背景色

用户在做简历、报名表等时需要用到证件照，而不同地方对证件照的底色有不同的要求。平时用户想要给照片更换底色，往往会使用 Photoshop。其实，WPS Office 可以更快捷地给证件照更换底色，操作步骤如下：

1 在文档中插入证件照，如图3-15所示。

图 3-15

2 单击选中需要更换背景色的证件照，在【图片工具】选项卡下单击【抠除背景】下拉按钮，在下拉列表中选择【抠除背景】选项，如图3-16所示。

图 3-16

3 弹出【智能抠图】对话框，此时系统已经自动抠除了证件照的背景，如图3-17所示。

图 3-17

4 如果对自动抠图的结果不满意，也可以单击【手动抠图】选项卡，根据系统提示使用【保留】或【去除】工具涂抹需要保留或去除的部分，软件会根据涂抹结果进行抠图，如图3-18所示。

图 3-18

5 单击【换背景】按钮，再单击需要更换的背景色，以蓝色为例，最后单击【完成抠图】按钮，如图3-19所示。

6 回到文档编辑区，背景色已经更换成功了，效果如图3-20所示。

图 3-19

图 3-20

3.2 在文档中插入和编辑艺术字

艺术字是经过特殊处理后的文字，在文档中使用艺术字，不仅可以使文本更加醒目突出，而且也会显得更加美观。

3.2.1 在文档中插入艺术字

插入艺术字的具体操作步骤如下：

1 打开一个文档，以“蒹葭”为例，在“插入”选项卡下，单击“艺术字”下拉按钮，在下拉列表中选择【填充-矢车菊蓝,着色1,阴影】选项，如图3-21所示。

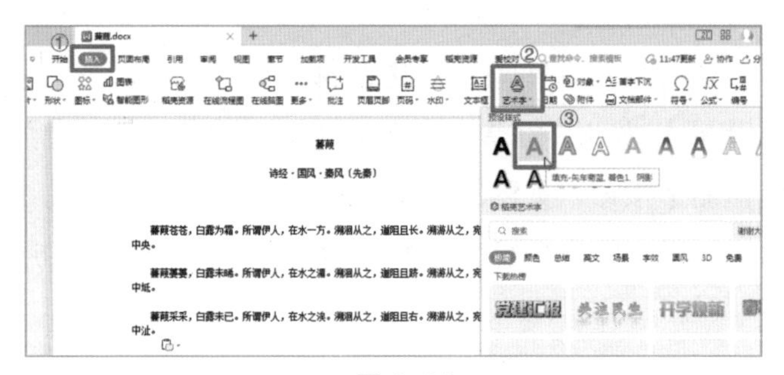

图 3-21

2 此时文档中自动插入了一个文本框，在文本框内输入“蒹葭”，如图3-22所示。

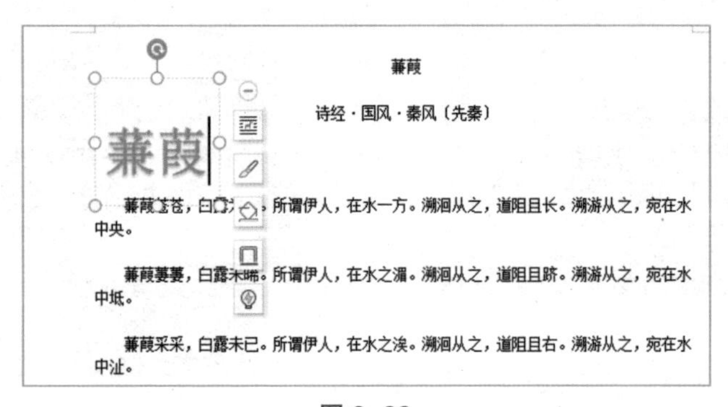

图 3-22

3 调整文本框大小和位置，并设置字体大小和格式，效果如图3-23所示。

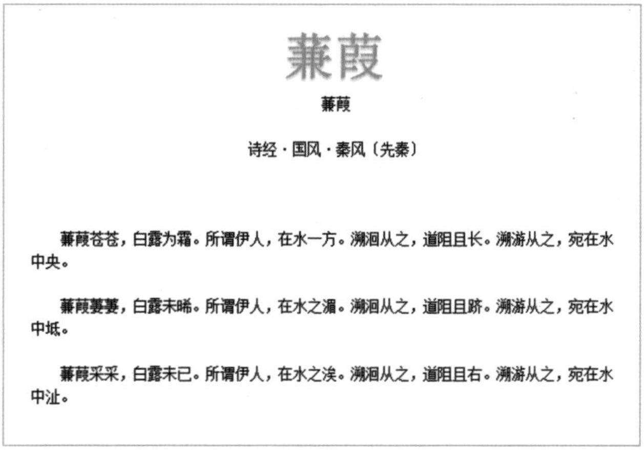

蒹葭

蒹葭

诗经 · 国风 · 秦风〔先秦〕

蒹葭苍苍，白露为霜。所谓伊人，在水一方。溯洄从之，道阻且长。溯游从之，宛在水中央。

蒹葭萋萋，白露未晞。所谓伊人，在水之湄。溯洄从之，道阻且跻。溯游从之，宛在水中坻。

蒹葭采采，白露未已。所谓伊人，在水之涘。溯洄从之，道阻且右。溯游从之，宛在水中沚。

图 3-23

3.2.2 编辑文档中的艺术字

在插入艺术字之后，就可以对艺术字进行编辑了，主要包括更改艺术字样式、修改艺术字文字以及自定义艺术字样式，下面分别进行讲解。

1.更改艺术字样式

更改艺术字样式的操作步骤如下：

1 单击文档中的艺术字，在【文本工具】选项卡下，单击艺术字选择框右侧的下拉按钮，在下拉列表中选择【渐变填充-亮石板灰】选项，如图3-24所示。

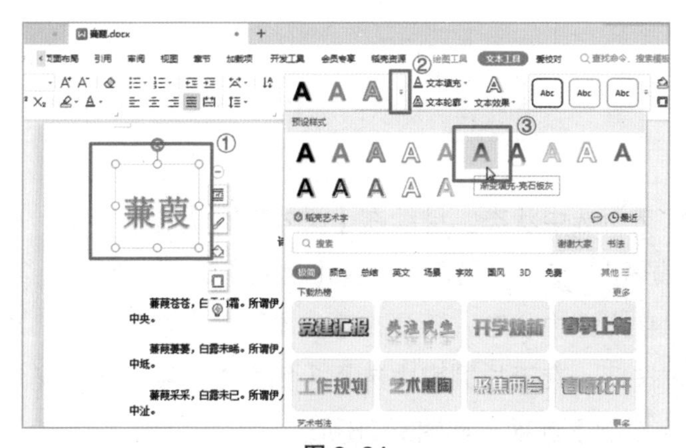

图 3-24

2 更换艺术字样式后的效果如图3-25所示。

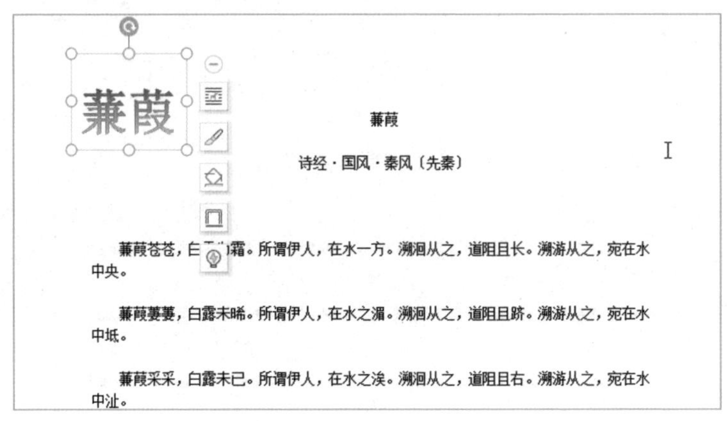

图 3-25

2.自定义艺术字样式

自定义艺术字样式的操作步骤如下：

1 选中艺术字，在【文本工具】选项卡下，单击【文本填充】下拉按钮，在下拉列表中选择【绿色】选项，如图3-26所示。

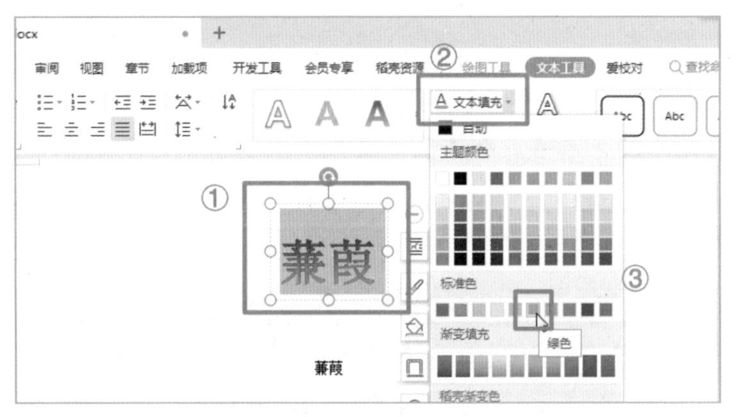

图 3-26

2 保持艺术字为选中状态，继续在【文本工具】选项卡下，单击【文本轮廓】下拉按钮，在下拉列表中选择【橙色】选项，如图3-27所示。

3 保持艺术字为选中状态，还是在【文本工具】选项卡下，单击【文本效果】下拉按钮，在下拉列表中选择【倒影】选项，在其拓展列表中选择【半倒影,接触】选项，如图3-28所示。

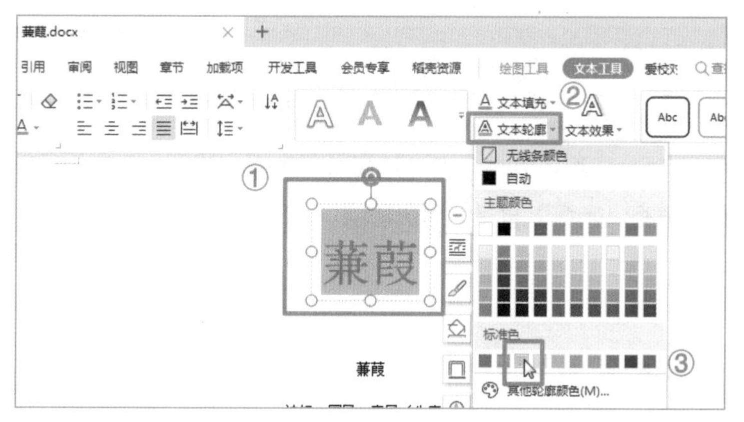

图 3-27

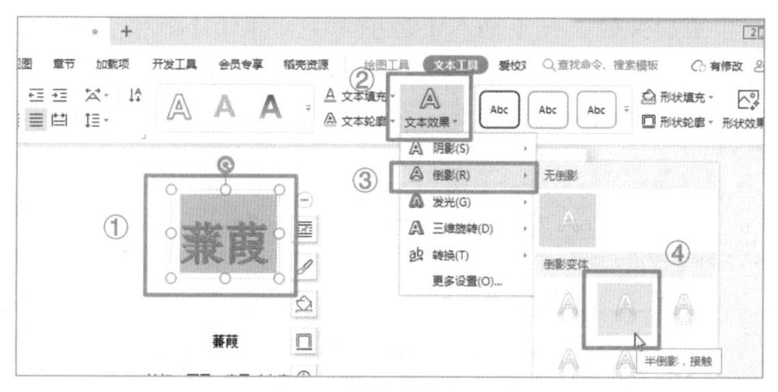

图 3-28

4 设置完毕后的艺术字效果如图3-29所示。

图 3-29

实用贴士

除了一些预设的艺术字，在【艺术字】下拉列表中，WPS Office 还提供了大量不同样式的艺术字，叫作“稻壳艺术字”。稻壳艺术字通常为会员专享，但也有许多免费艺术字可供选择，用户可以在这里查找搜索想要的艺术字，使自己的文档更加美观精致。

3.3 在文档中插入与编辑表格

在制作 WPS 文本文档时，也可以在页面内插入表格，如果用户需要建立一个简单的表格，则可以直接使用该功能。

3.3.1 插入表格

插入表格的操作十分简单，操作步骤如下：

1 新建一个空白文档，在【插入】选项卡下，单击【表格】按钮，在下拉列表中拖动鼠标选择合适的行数和列数，这里选择3行5列，如图3–30所示。

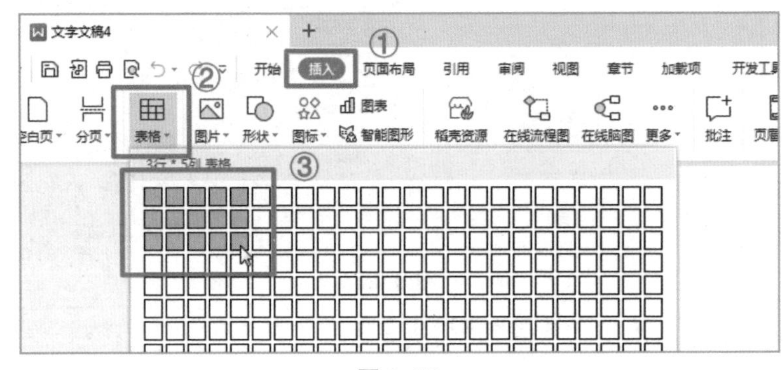

图 3–30

2 文档中已经成功插入一个3行5列的表格，如图3–31所示。

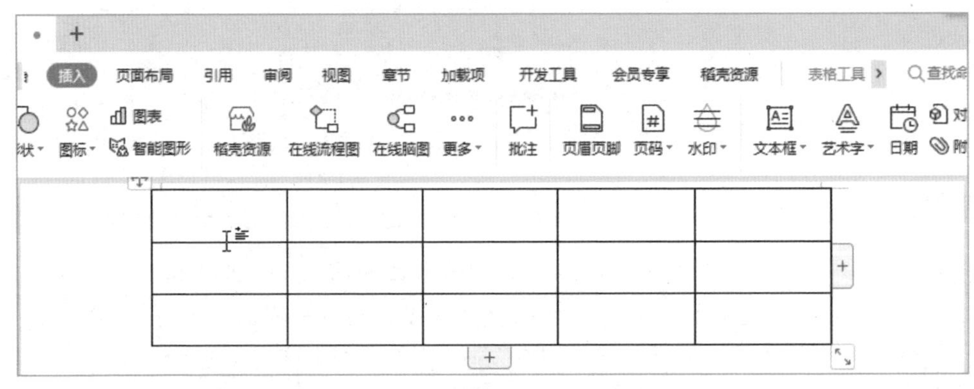

图 3–31

3.3.2 编辑表格

1.调整行高和列宽

在插入表格之后，经常需要调整表格的行高和列宽。

调整表格的行高的操作步骤如下：

1 选中表格中需要调整行高的一行，在【表格工具】选项卡下，单击【表格属性】按钮，如图3-32所示。

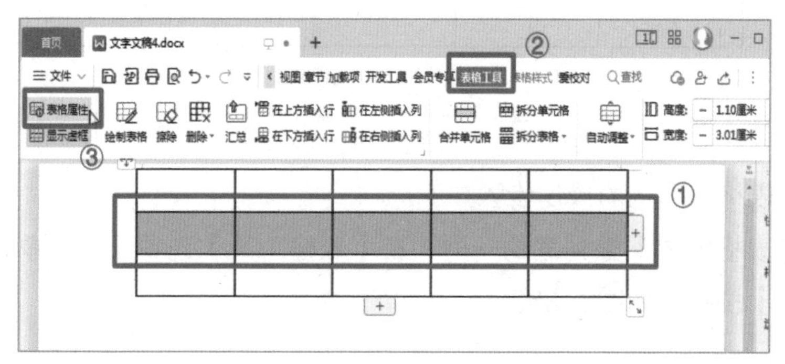

图 3-32

2 在【表格属性】对话框中，单击【行】选项卡，勾选【指定宽度】复选框，在后面的文本框内输入数值“0.5”，单击【确定】按钮，如图3-33所示。

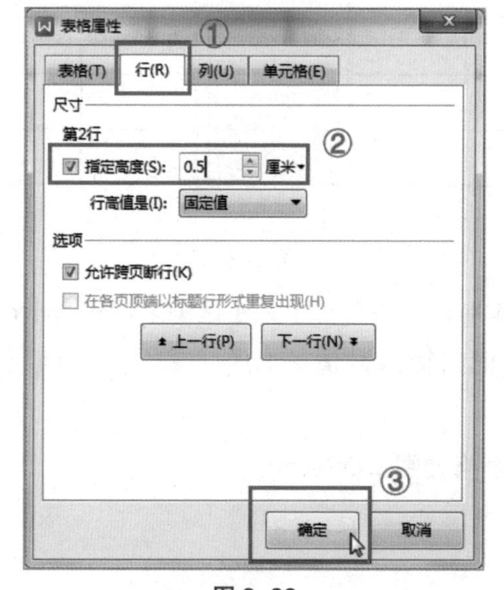

图 3-33

3 调整行高后的表格如图3-34所示。

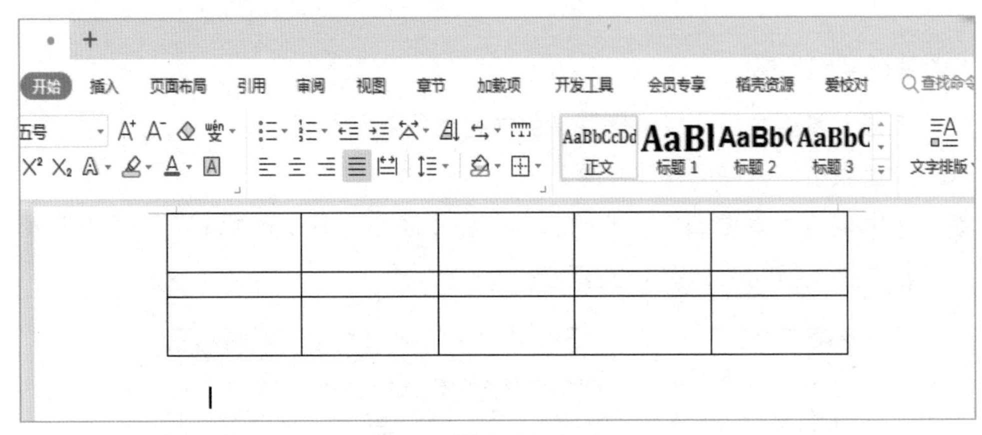

图 3-34

调整表格的列宽的操作步骤如下：

1 选择表格中要调整列宽的一列，在【表格工具】选项卡下，单击【表格属性】按钮，如图3-35所示。

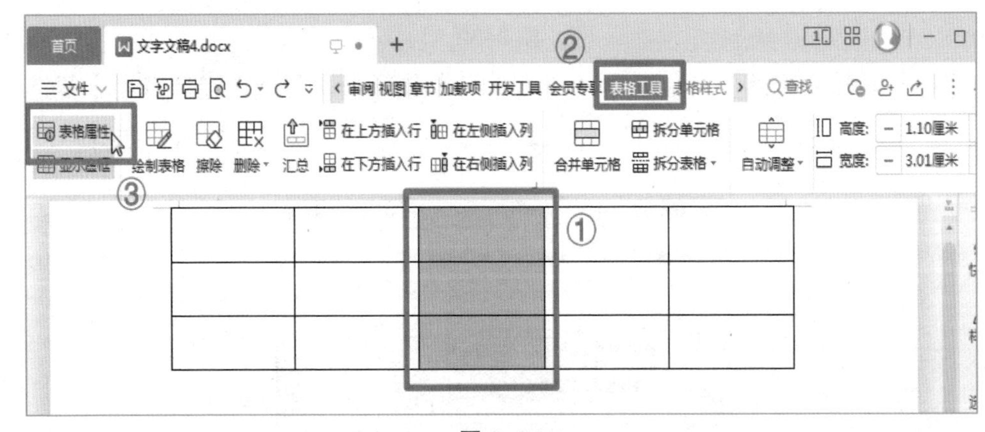

图 3-35

2 在【表格属性】对话框中单击【列】选项卡，勾选【指定宽度】复选框，在后面的文本框内输入数值“10”，单击【确定】按钮，如图3-36所示。

3 调整列宽后的表格如图3-37所示。

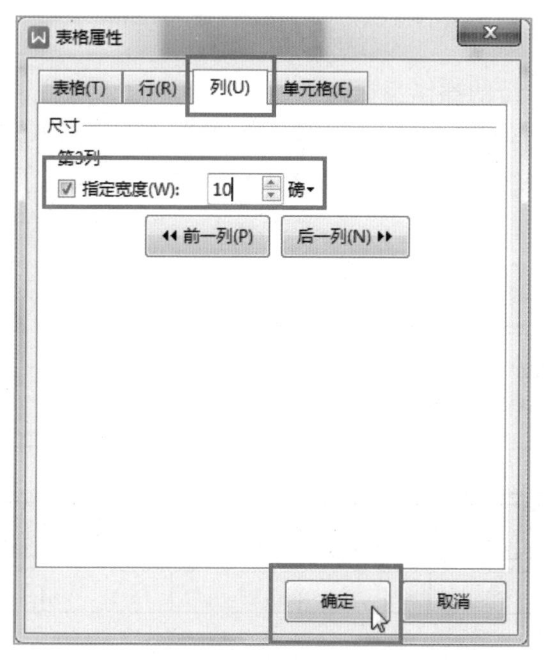

图 3-36

图 3-37

实用贴士

除了通过表格工具精确调整表格的行高和列宽，还可以通过鼠标进行快速调整。只需将鼠标指针移至表格中行或列之间的分割线上，当指针变为【⇕】（调行高）或【⇔】（调列宽）时，按住鼠标左键不放并拖动鼠标，即可调整行高或列宽。

2.插入行/列

在表格中插入行的操作步骤如下：

1 选中表格中的一行，单击【表格工具】选项卡下的【在上方插入行】或【在下方插入行】按钮，即可在所选行的上方或下方插入一行，如图3-38所示。

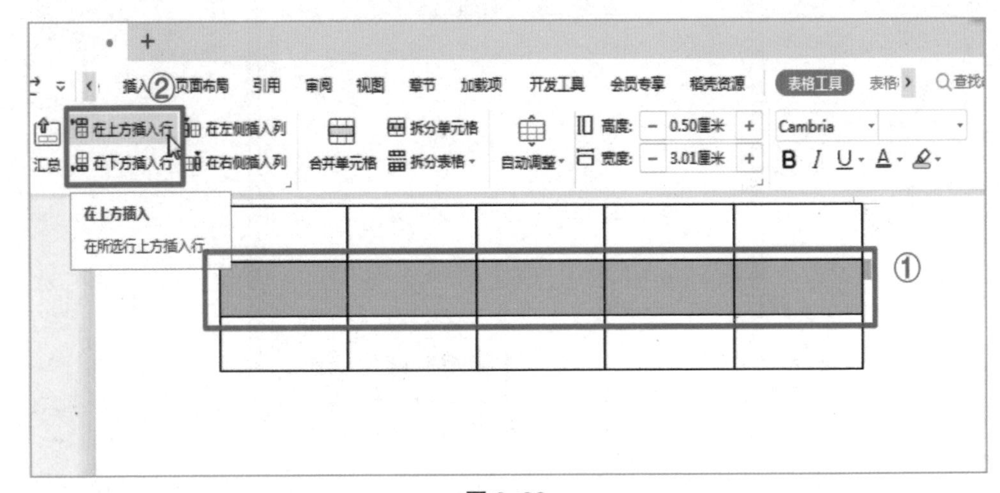

图 3-38

2 插入后的效果如图3-39所示。

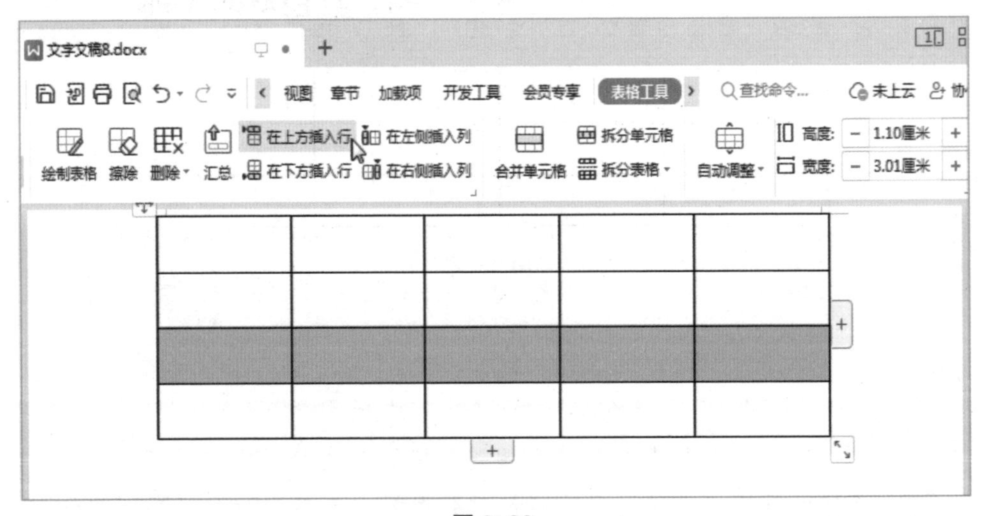

图 3-39

在表格中插入列的操作步骤如下：

1 选中表格中的一列，单击【表格工具】选项卡下的【在左侧插入列】或

【在右侧插入列】按钮，即可在所选列的左侧或右侧插入一列，如图3-40所示。

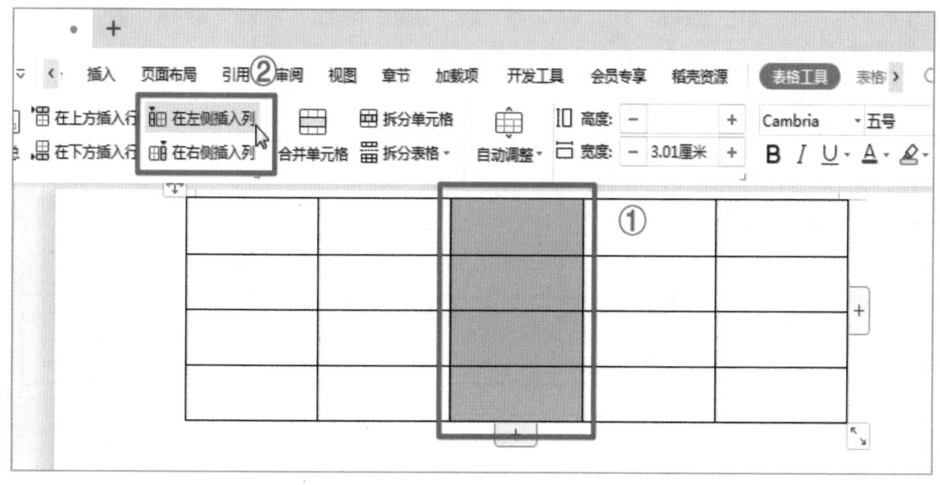

图 3-40

2 插入后的效果如图3-41所示。

图 3-41

3.删除行/列

删除行的操作步骤如下：

选中表格中需要删除的一行，单击【表格工具】选项卡下的【删除】下拉按钮，单击下拉列表中的【行】选项即可，如图 3–42 所示。

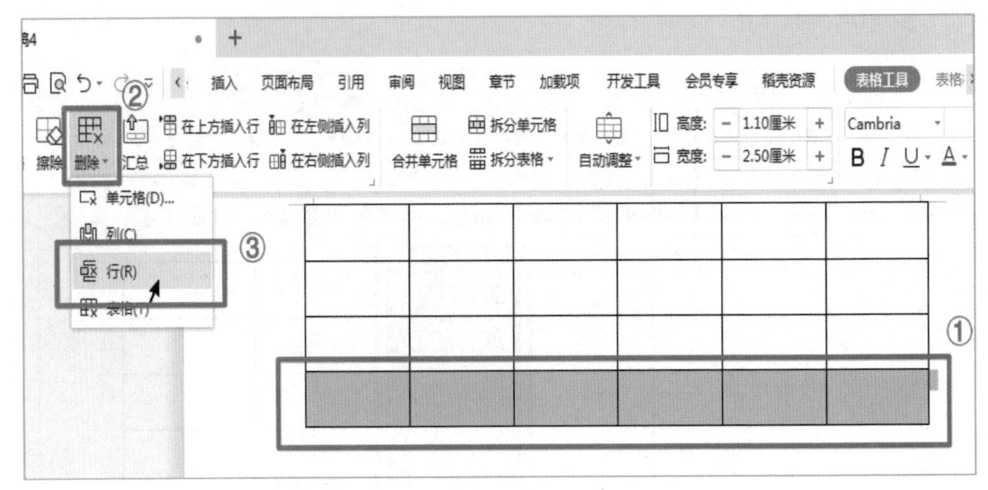

图 3–42

删除列的操作步骤如下：

选中表格中需要删除的一列，单击【表格工具】选项卡下的【删除】下拉按钮，单击下拉列表中的【列】选项即可，如图 3–43 所示。

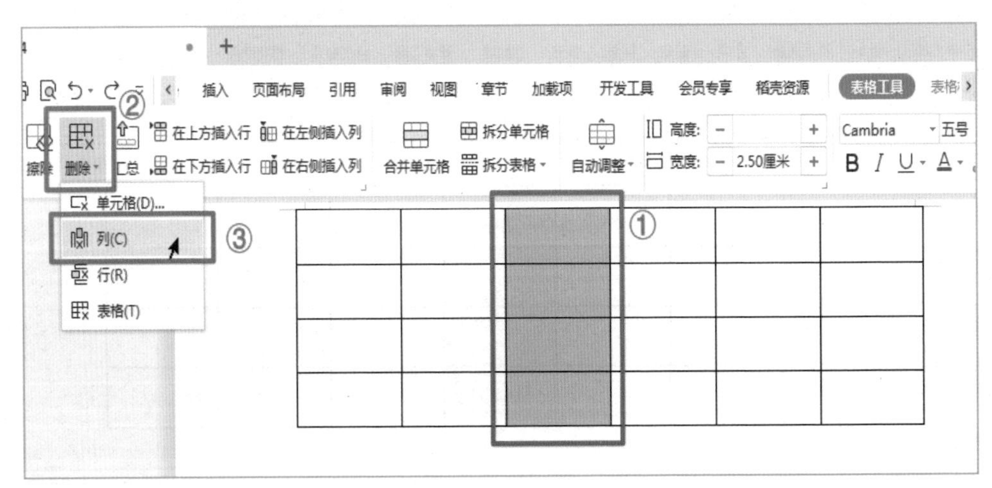

图 3–43

4.拆分/合并表格

拆分表格的操作步骤如下：

1 确定表格需要拆分的位置，将光标定位到该位置下方的一行内，在【表

格工具】选项卡中单击【拆分表格】下拉按钮，在下拉列表中选择【按行拆分】选项，如图3-44所示。

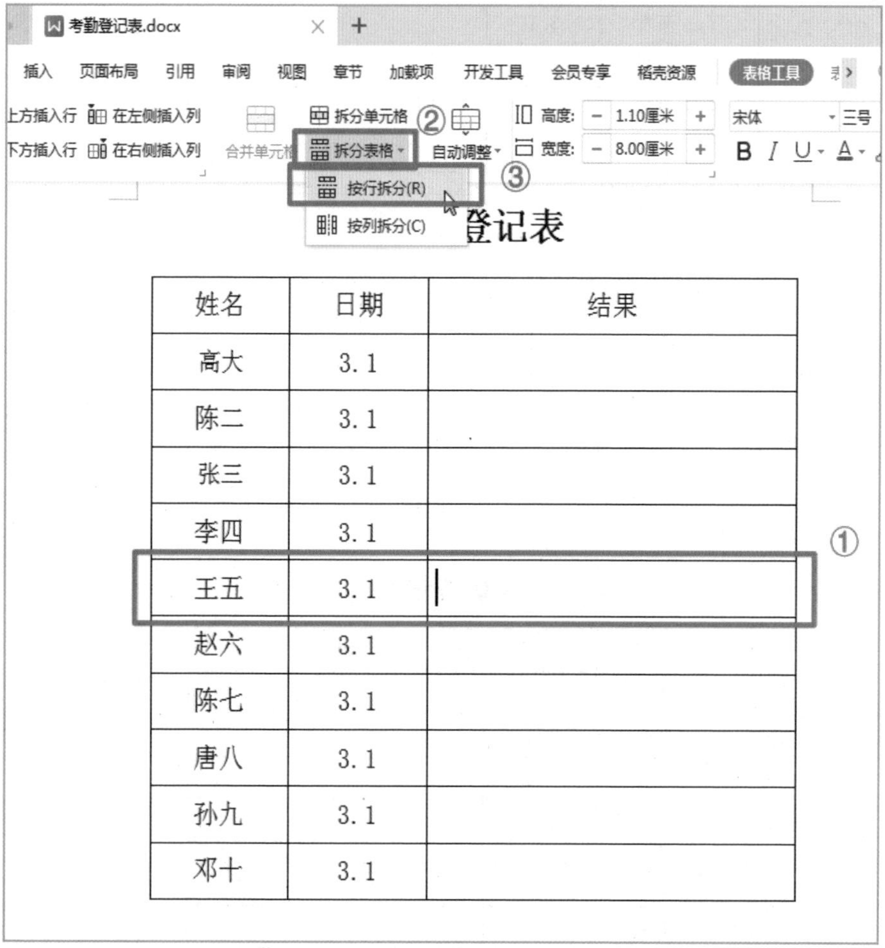

姓名	日期	结果
高大	3.1	
陈二	3.1	
张三	3.1	
李四	3.1	
王五	3.1	
赵六	3.1	
陈七	3.1	
唐八	3.1	
孙九	3.1	
邓十	3.1	

图 3-44

2 以光标所在的行为界，表格被拆分为上下两个，如图3-45所示。

合并表格的操作步骤如下：

若想合并两个表格，只需将光标插入两个表格之间的空白处，然后按下【Delete】键即可，如图 3-46 所示。

考勤登记表

姓名	日期	结果
高大	3.1	
陈二	3.1	
张三	3.1	
李四	3.1	
王五	3.1	
赵六	3.1	
陈七	3.1	
唐八	3.1	
孙九	3.1	
邓十	3.1	

图 3-45

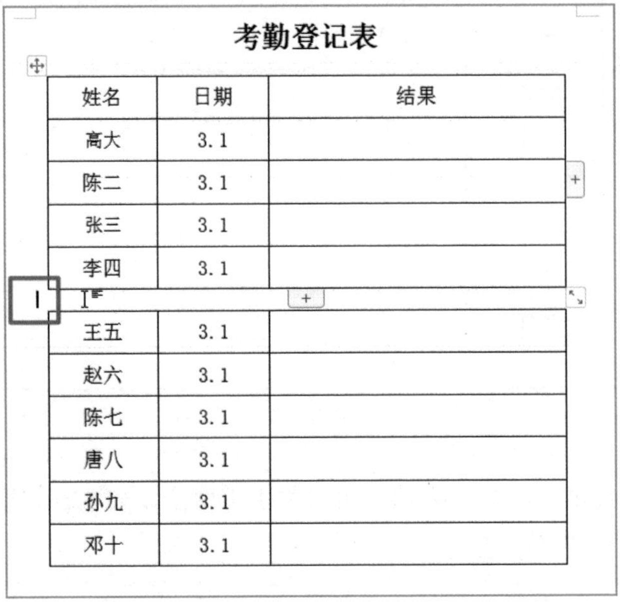

考勤登记表

姓名	日期	结果
高大	3.1	
陈二	3.1	
张三	3.1	
李四	3.1	
王五	3.1	
赵六	3.1	
陈七	3.1	
唐八	3.1	
孙九	3.1	
邓十	3.1	

图 3-46

Chapter

04

第 4 章 WPS表格的基础操作

WPS表格是WPS Office的三大办公组件之一。在制作电子表格、进行数据统计及数据分析时十分常用，被广泛应用于财务、人事、统计等方面。本章将详细介绍WPS表格的基础操作，通过学习本章，读者可以快速掌握WPS表格的基础操作。

学习要点：

- ★学会创建与保存工作簿
- ★掌握单元格的基本操作
- ★学会录入数据
- ★掌握美化表格的几种方法
- ★学会保护表格

4.1 新建和保存工作簿

工作簿是用 WPS 表格创建的用来记录和处理数据的文件，每个工作簿中都包含一个或多个工作表。在进行数据处理工作前，必须先了解如何新建及保存工作簿。

4.1.1 新建工作簿

1 鼠标左键双击桌面上的“WPS Office”程序图标启动程序，单击主界面左侧的【新建】按钮。

2 进入【新建】页面，单击页面左侧的【新建表格】按钮，然后点击【空白文档】，如图4-1所示。

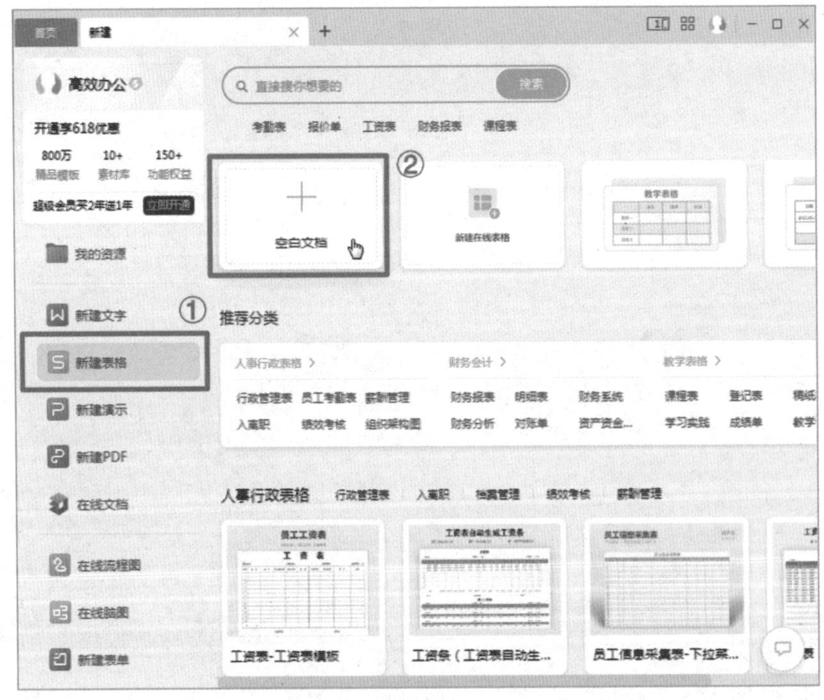

图 4-1

3 新建的空白工作簿，如图4-2所示。

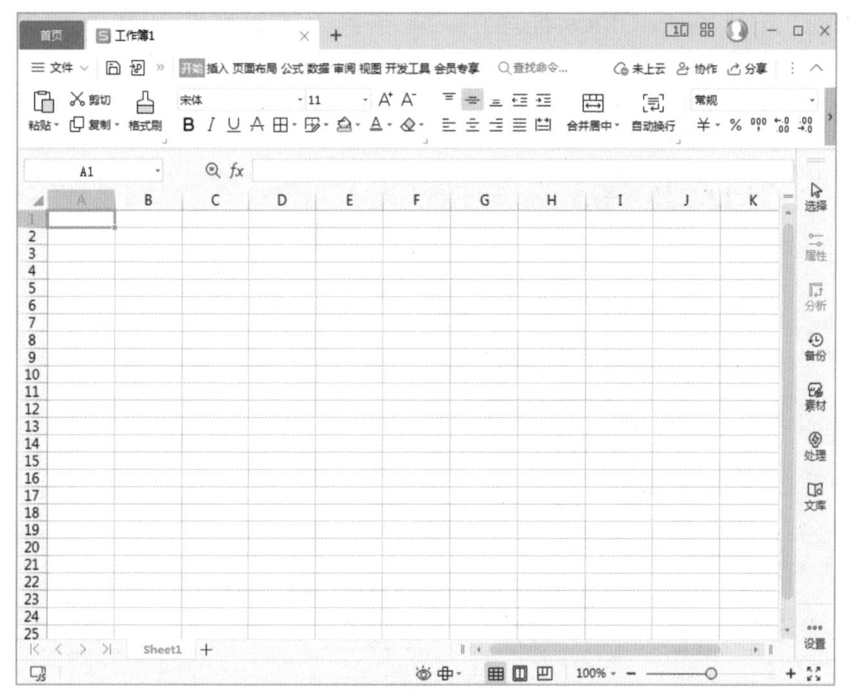

图 4–2

除用上述方法新建 WPS 工作簿外，还可以通过下面三种方法新建工作簿：

在操作系统桌面或文件夹中用鼠标右键单击空白处，在弹出的快捷菜单中单击【新建】→【XLS 工作表】或【XLSX 工作表】，即可创建一个空白的工作簿，如图 4–3 所示。鼠标左键双击该图标即可将其打开。

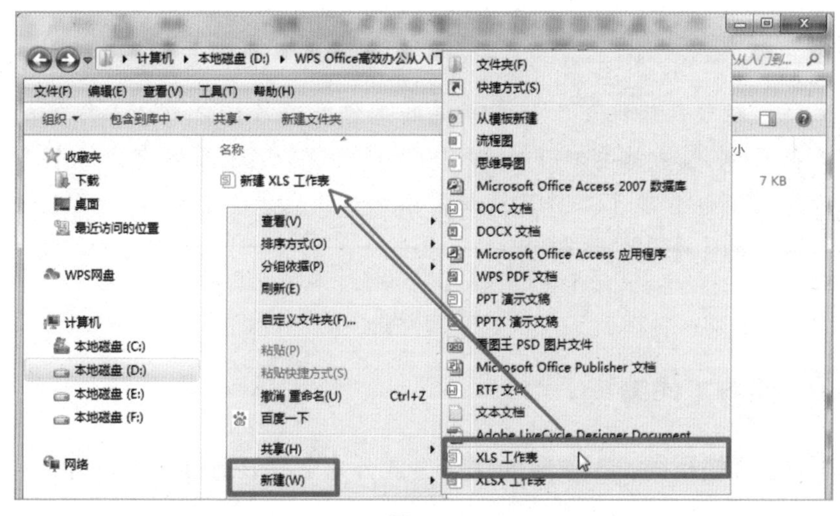

图 4–3

在打开的WPS Office程序中，单击最上方标题栏文档名称右侧的【+新建】按钮，在【新建】页面中单击左侧的【新建表格】按钮，然后单击【空白文档】，即可新建一个空白的工作簿，如图4-4所示。

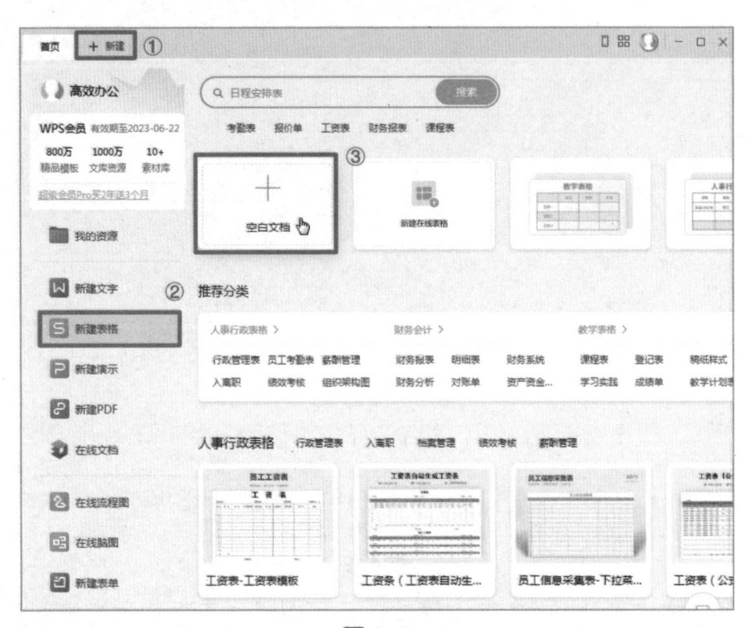

图 4-4

在打开的WPS Office程序中，按下【Ctrl+N】组合键，快速打开【新建】页面，用户可以根据自己的需要新建文档。

在默认情况下，一个新建的工作簿中只包含一个工作表，即位于WPS表格窗口下方的“Sheet1”。在WPS表格中，一个工作簿可以包含多个工作表，如需添加新工作表，只需单击“Sheet1”右侧的【十】按钮即可。

4.1.2 保存工作簿

与文本文档相同，工作簿的保存方式分为2种，分别是“保存”和“另存为”。

1.保存

保存的操作步骤如下：

在对工作簿进行编辑后，单击窗口左上角的【文件】按钮，在下拉列表中单击【保存】选项。或者直接单击窗口左上方快捷工具栏中的【 】按钮即可完成保存，如图 4–5 所示。

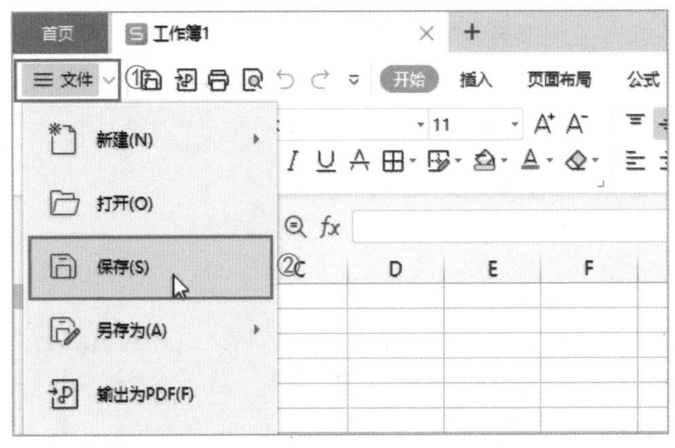

图 4–5

2.另存为

另存为的操作步骤如下：

单击窗口左上角的【文件】按钮，在下拉列表中单击【另存为】选项，再在其拓展列表中选择格式，如图 4–6 所示。

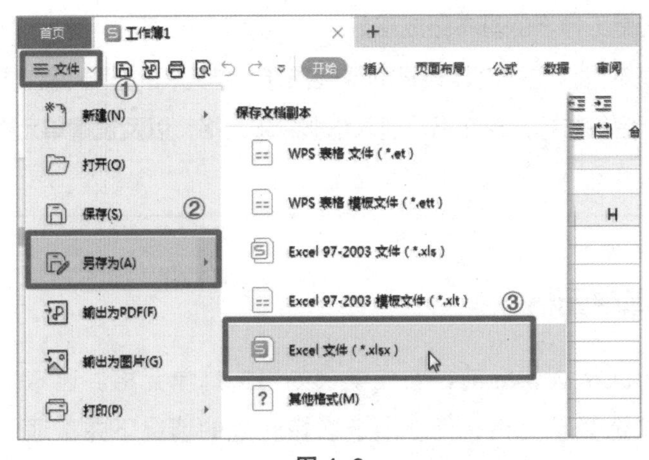

图 4–6

在弹出的【另存文件】对话框中设置保存路径、文件名和文件类型，然后单击【保存】按钮即可将当前工作簿保存为一个新的工作簿，如图 4–7 所示。

图 4–7

4.2 单元格的基本操作

单元格是工作表的基本组成部分之一，是指工作表内一个一个的小格子。单元格的基本操作也是制作表格的基础操作，单元格的基本操作主要包括选择单元格、合并与拆分单元格、插入与删除单元格，以及设置单元格的行高和列宽。

4.2.1 选择单元格

在进行单元格编辑之前，要先学会如何选择单元格。通常来说，会用拖动鼠标的方式选择单元格，但在所选区域较大的情况下并不适用。选择单元格可以分为单个选择、连续选择以及不连续选择等，下面分别进行讲解。

选择单个单元格的方法很简单，只需要将鼠标指针移动到要选择的单元格上，然后单击即可。选择的单元格周围会有一圈浅绿色的框线，如图 4–8 所示。

选择不连续单元格时，需要按住【Ctrl】键，然后用鼠标依次选择单元格即可，选中结果如图 4–9 所示。

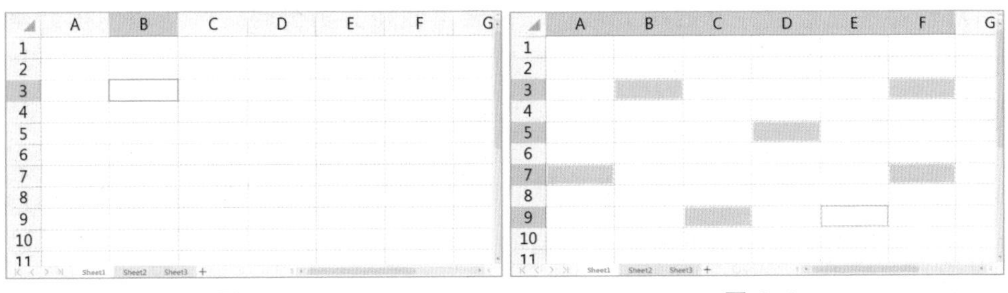

图 4–8　　图 4–9

选择连续单元格时，按 Shift 键的同时，用鼠标选中连续单元格区域的首尾。例如，按住 Shift 键，鼠标选中 A1 和 D8 单元格，就可以选中以这两个单元格为对角线形成的矩形范围内的单元格，如图 4–10 所示。

选择所有单元格时，单击工作表左上角的行标题和列标题的交叉处的【◢】，或者按下【Ctrl+A】组合键即可，如图 4–11 所示。

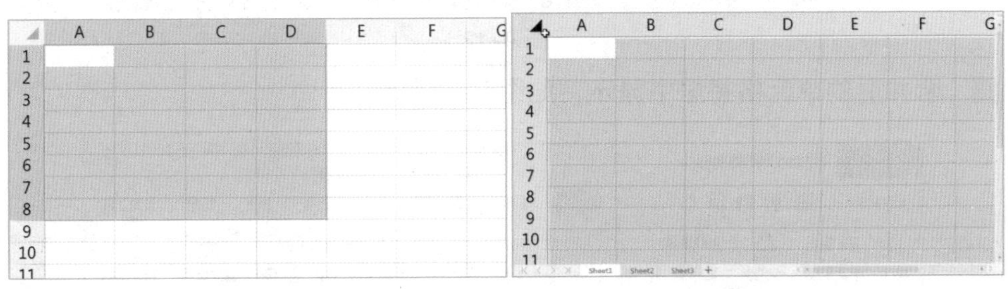

图 4–10　　图 4–11

实用贴士

在 WPS 表格中，每个单元格都有自己的名称，叫作单元格地址。单元格地址由单元格所在的列字母和行号组成，例如，"A1"表示 A 列第一行的单元格，"B5"表示 B 列第五行的单元格。准确输入单元格地址对于学习表格、函数等知识十分重要。

4.2.2 合并与拆分单元格

在日常的办公中，经常会遇到需要将两个或两个以上单元格合并为一个单元格的情况；或者在将较长的文本内容同时输入到几个单元格中时，会出现显示不完整的情况，这个时候就可以通过合并单元格的功能来完成操作。而对于那些已经合并好的单元格，在需要重新将其拆分时，则可以用拆分单元格的功能来完成操作。

1.合并单元格

1 打开一个工作簿，以“应收账款明细表”为例。选中B3:G3单元格区域，在【开始】选项卡下，单击【合并居中】按钮，如图4-12所示。

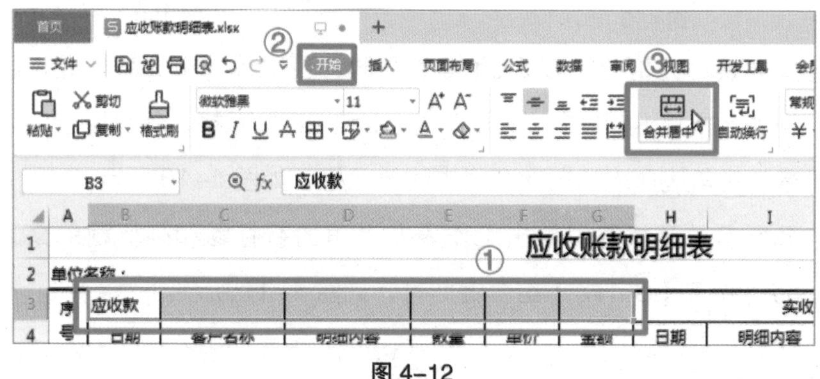

图 4-12

2 合并后的单元格将居中显示，如图4-13所示。

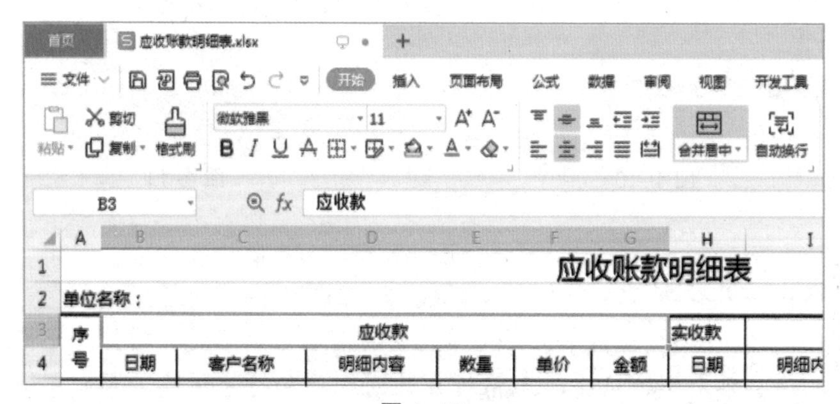

图 4-13

3 另外，单击【合并居中】下拉按钮，在其下拉列表中也可选择其他合并方式，如图4-14所示。

图 4-14

2.拆分单元格

选中要进行拆分的单元格，以刚刚合并完成的“应收款”单元格为例。在【开始】选项卡下，单击【合并居中】下拉按钮，在其下拉列表中选择【取消合并单元格】选项，或者直接单击【合并居中】按钮，都可以将合并的单元格再次拆分，如图 4-15 所示。

图 4-15

4.2.3 插入与删除单元格

在进行单元格编辑时，往往也会需要插入或删除单元格。

1.插入单元格

1 打开一个表格，以“食堂采购单”为例。选中A4单元格，在【开始】选项卡下，单击【行和列】下拉按钮，如图4-16所示。

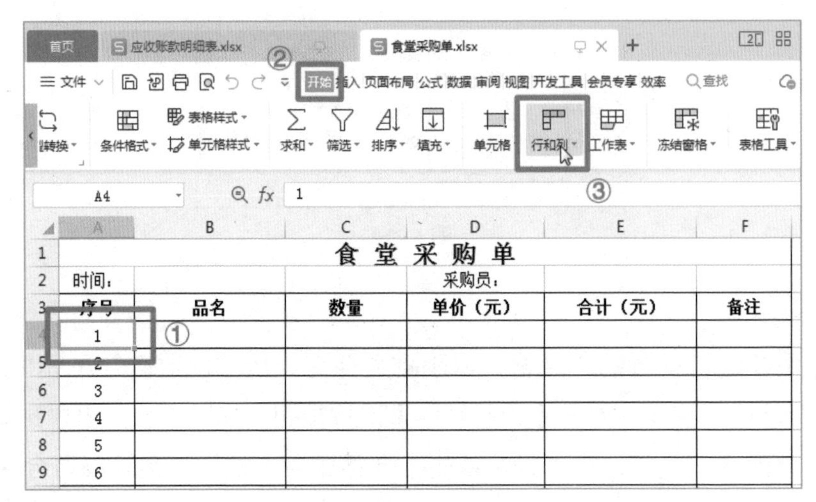

图 4-16

2 在下拉列表中选择【插入单元格】选项，再在其子列表中选择【插入单元格】选项，弹出【插入】对话框。在【插入】对话框中，单击【活动单元格下移】单选按钮，单击【确定】按钮，如图4-17所示。

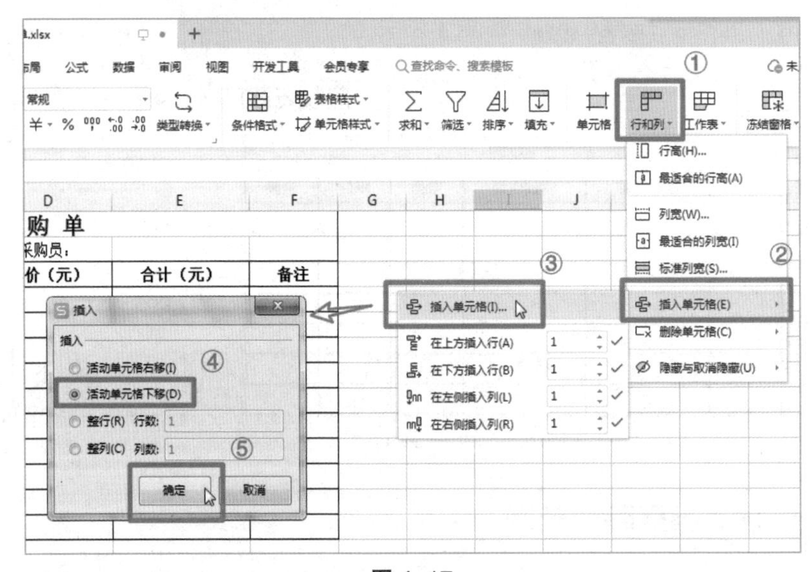

图 4-17

3 返回工作表界面，可以看到在A4位置插入了一个空白单元格，A4以下的单元格均下移了一格，如图4-18所示。

	A	B	C	D	E
1			食 堂 采 购 单		
2	时间：			采购员：	
3	序号	品名	数量	单价（元）	合计（元
4					
5	1				
6	2				
7	3				
8	4				
9	5				
10	6				
11	7				
12	8				
13	9				
14	10				

图 4-18

2.删除单元格

1 选中A4单元格，在【开始】选项卡下单击【行和列】下拉按钮，在弹出的下拉列表中选择【删除单元格】选项，再在其子列表中选择【删除单元格】选项。在弹出的【删除】对话框中单击【下方单元格上移】单选按钮，再单击【确定】按钮，如图4-19所示。

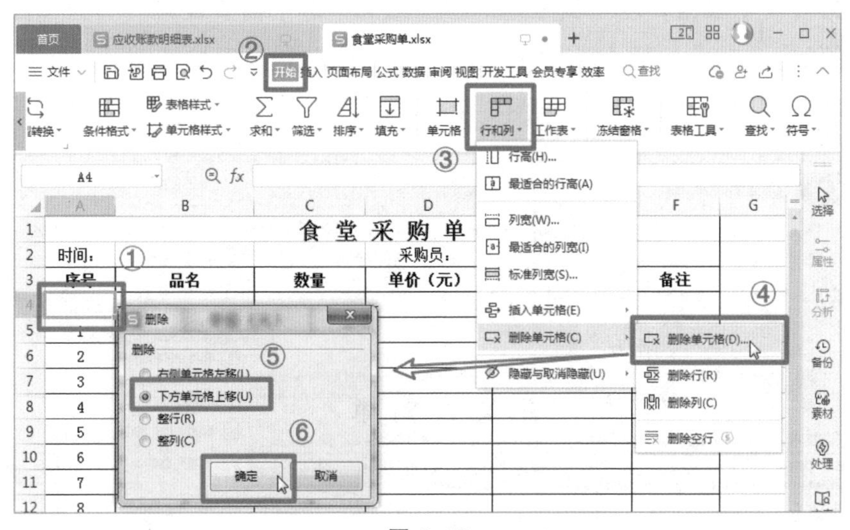

图 4-19

2 返回工作表界面，可以看到空白单元格已被删除，A4以下的单元格均上移了一格，如图4-20所示。

	A	B	C	D	E
1			食 堂 采 购 单		
2	时间：			采购员：	
3	序号	品名	数量	单价（元）	合计（元
4	1				
5	2				
6	3				
7	4				
8	5				
9	6				
10	7				
11	8				
12	9				
13	10				
14					
15					

图 4–20

4.2.4 设置行高和列宽

单元格的行高和列宽不是固定不变的，用户可以根据文字内容或个人需要进行调整。

1.设置行高

1. 打开一个表格，以“食堂采购单”为例，选中需要设置行高的一行，如第3行，在【开始】选项卡下，单击【行和列】下拉按钮，在下拉列表中选择【行高】选项，如图4–21所示。

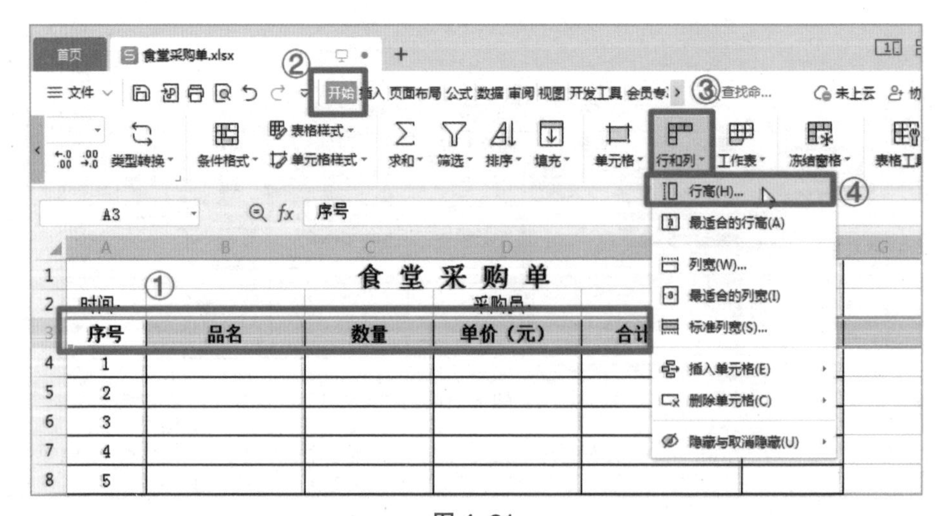

图 4–21

2 弹出【行高】对话框，在【行高】文本框中输入“40”，单击【确定】按钮，如图4-22所示。

图 4-22

3 返回工作表界面，可以发现第3行的行高发生了变化，如图4-23所示。

	A	B	C	D	E	F
1	食堂采购单					
2	时间：			采购员：		
3	序号	品名	数量	单价（元）	合计（元）	备注
4	1					
5	2					
6	3					

图 4-23

2.设置行高

1 选中需要设置列宽的一列，如A列，单击【开始】选项卡下的【行和列】下拉按钮，在下拉列表中选择【列宽】选项，如图4-24所示。

图 4-24

2 弹出“列宽”对话框，在“列宽”文本框中输入“15”，单击【确定】按钮，如图4-25所示。

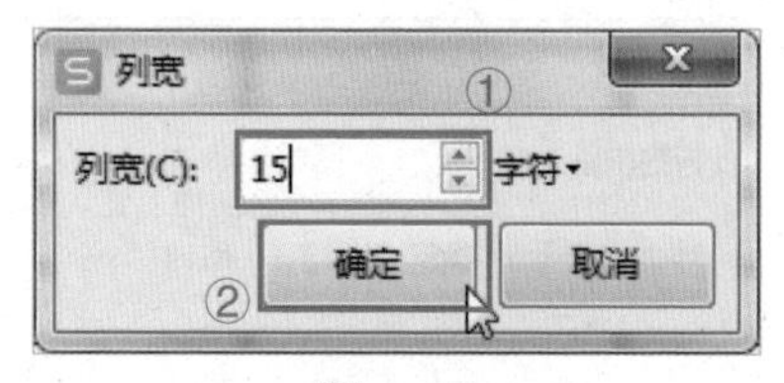

图 4-25

3 返回工作表界面，可以发现A列的列宽发生了变化，如图4-26所示。

A	B	C	D	E
	食堂采购单			
时间：			采购员：	
序号	品名	数量	单价（元）	合计（元）
1				
2				
3				
4				
5				
6				
7				
8				
9				
10				

图 4-26

4.3 录入数据

数据就是表格的主要内容，输入数据包括输入文本、数值、日期和时间等。不同类型的数据，所对应的操作不同，下面分别进行讲解。

4.3.1 录入文本型数据

文本是最简单的数据，输入文本的具体操作步骤如下：

1 打开一个表格，选中要输入文本的单元格，如 A1单元格，如图4-27所示。

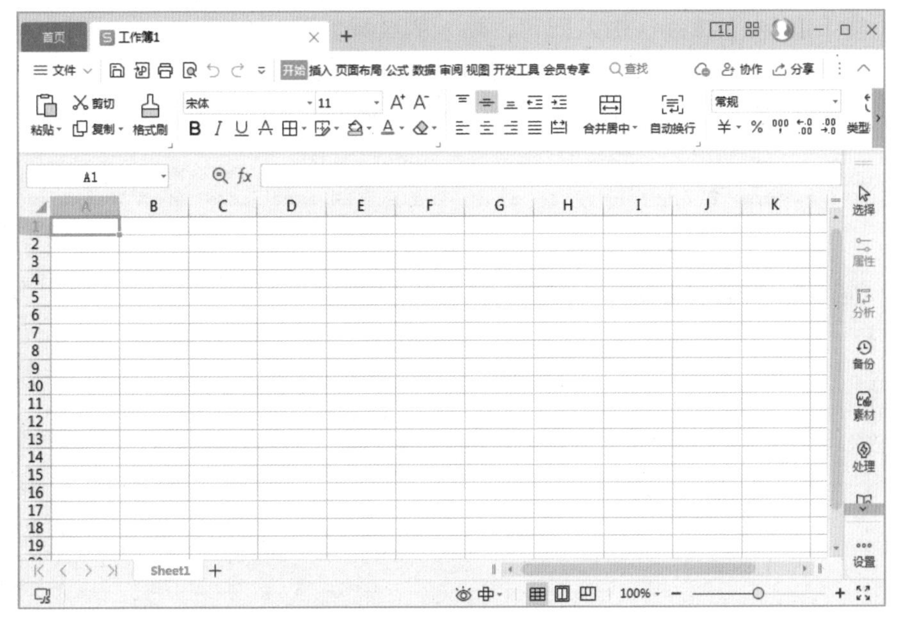

图 4-27

2　单击编辑栏，在编辑栏中输入文本信息，如“WPS Office高效办公从入门到精通”，如图4-28所示。

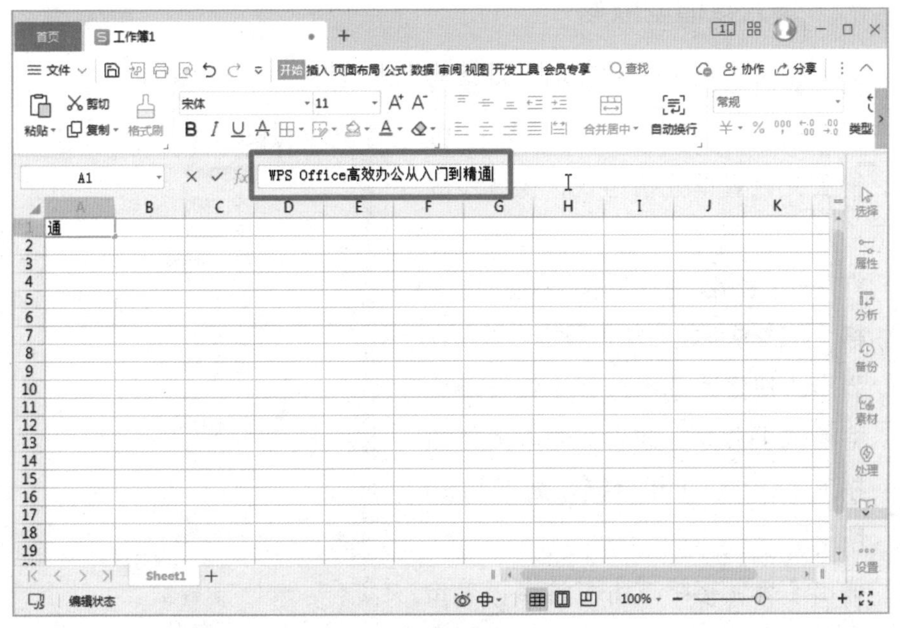

图 4-28

3 按【Enter】键确认输入即可，输入的结果如图4–29所示。

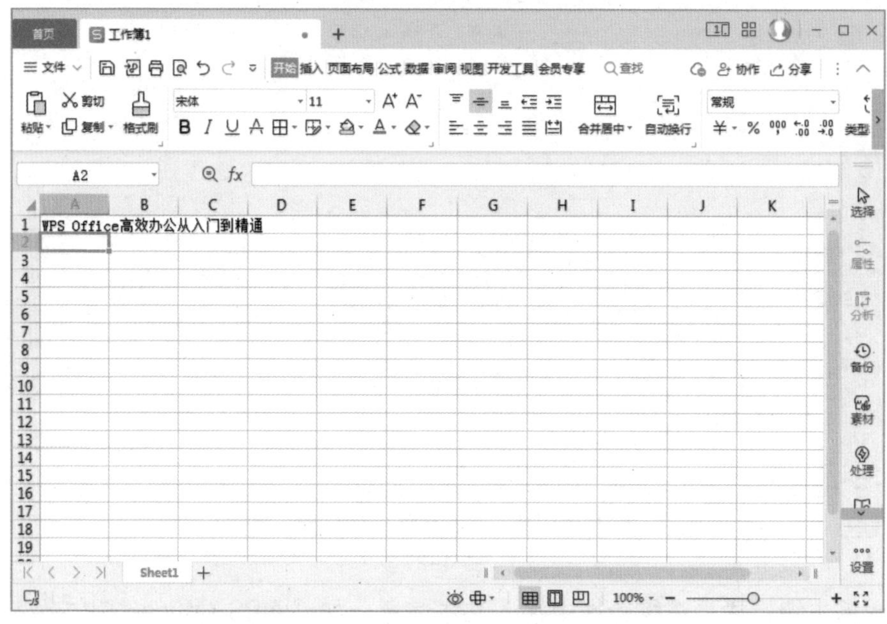

图 4–29

4.3.2 录入数值型数据

输入数值和输入文本类似，只是数值一般都会涉及计算，因此在输入数值之前要先设置单元格格式，操作步骤如下：

1 打开一个表格，选中要输入数值的单元格，如B2单元格，单击鼠标右键，在弹出的快捷菜单中选择【设置单元格格式】命令，或者选中单元格后按下【Ctrl+1】组合键，如图4–30所示。

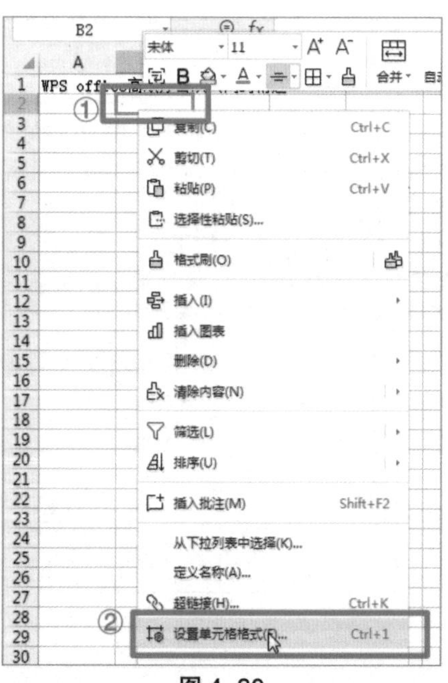

图 4–30

2 弹出【单元格格式】对话框，单击【数字】选项卡，在【分类】列表框中选择【数值】选项，可以看到在对话框右侧【小数位数】文本框中系统默认保留两位小数，单击【确定】按钮，如图4-31所示。

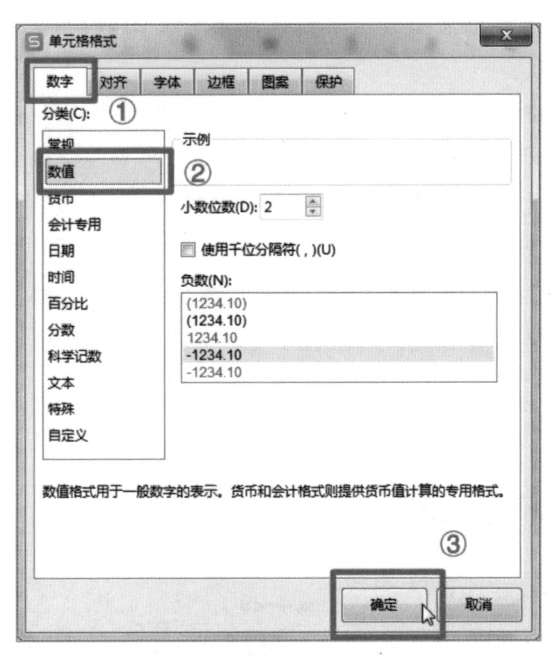

图 4-31

3 在单元格内输入“123456”，按【Enter】键，单元格内的数字将按照数值格式显示出来并保留了两位小数，如图4-32所示。

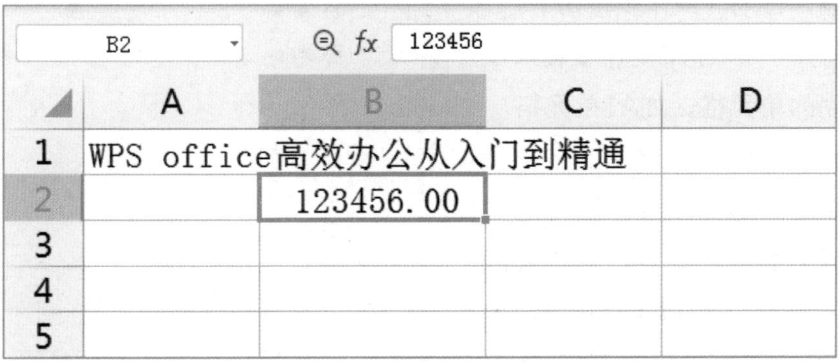

B2 fx 123456

	A	B	C	D
1	WPS office高效办公从入门到精通			
2		123456.00		
3				
4				
5				

图 4-32

实用贴士

如果在单元格中输入了错误或不需要的数据，有两种快速删除数据的方法：

1. 选中想要删除数据的单元格，按下【Backspace】或【Delete】即可。

2. 用鼠标右键单击需要删除内容的单元格，在弹出的快捷菜单中选择【清除内容】命令即可。

另外，如果想要删除多个单元格组成的单元格区域中的内容，可以选中单元格区域，然后按下【Delete】键即可。

4.3.3 输入时间型数据

日期和时间是一种特殊的数据，两者的输入方法类似，下面分别进行讲解。

1.输入日期

输入日期的操作步骤如下：

1 打开一个表格，选中要输入日期的单元格，如A1单元格，单击鼠标右键，在弹出的快捷菜单中选择【设置单元格格式】命令，或者选中单元格后按下【Ctrl+1】组合键，如图4-33所示。

2 弹出【单元格格式】对话框，单击【数字】选项卡，在【分类】列表框中选择【日期】

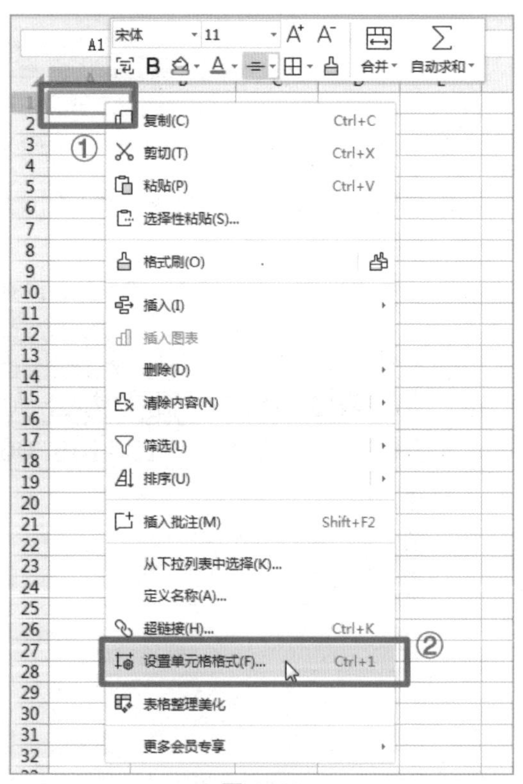

图 4-33

选项，在对话框右侧的【类型】列表框中选择合适的日期格式，这里选择【2001年3月7日】选项，单击【确定】按钮，如图4–34所示。

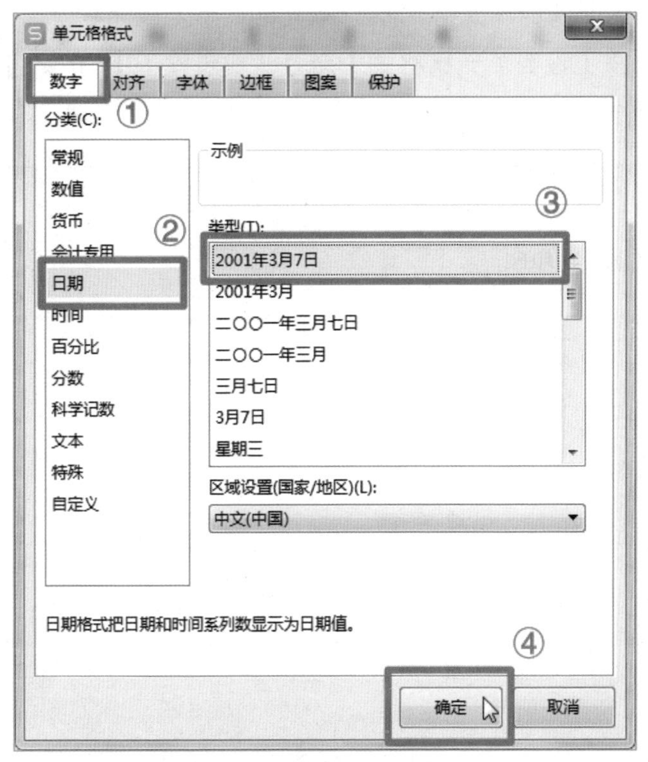

图 4–34

3 返回工作表界面，在编辑栏中输入“2023/6/1”，按下【Enter】键后该日期会自动调整为设置的日期格式“2023年6月1日”，如图4–35所示。

A2

	A	B	C
1	2023年6月1日		
2			
3			
4			
5			
6			

图 4–35

2.输入时间

输入时间的操作步骤如下：

1 选中要输入时间的单元格，如B1单元格，单击鼠标右键，在弹出的快捷菜单中选择【设置单元格格式】命令，或者按下【Ctrl+1】组合键，如图4–36所示。

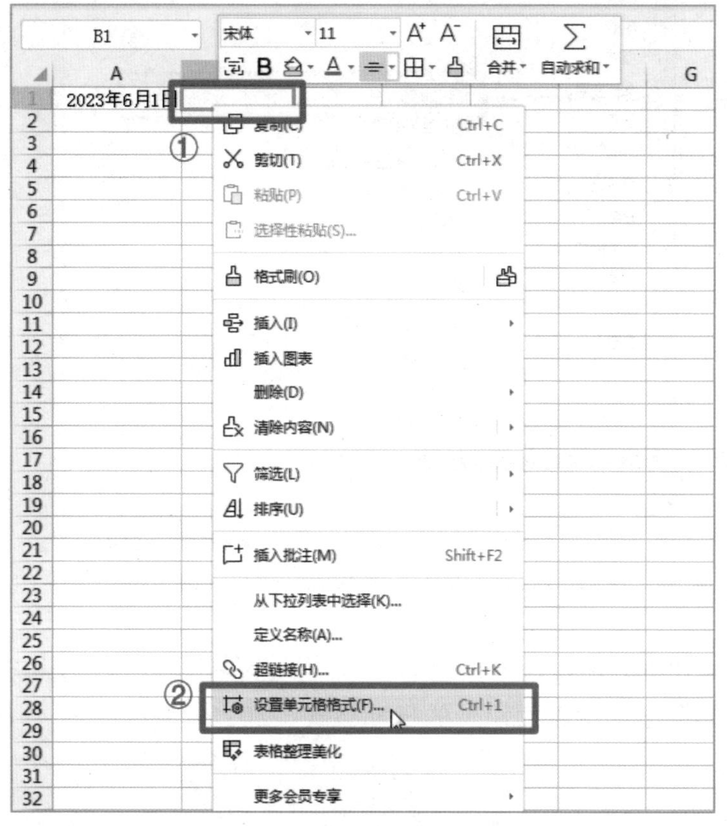

图 4–36

2 弹出【单元格格式】对话框，单击【数字】选项卡，在【分类】列表框中选择【时间】选项，在右侧【类型】列表框中选择合适的时间格式，这里选择【16:22:30】选项，单击【确定】按钮，如图4–37所示。

3 返回工作表界面，在编辑栏中输入“16:30”，按下【Enter】键后该时间会自动调整为设置的时间格式，如图4–38所示。

图 4-37

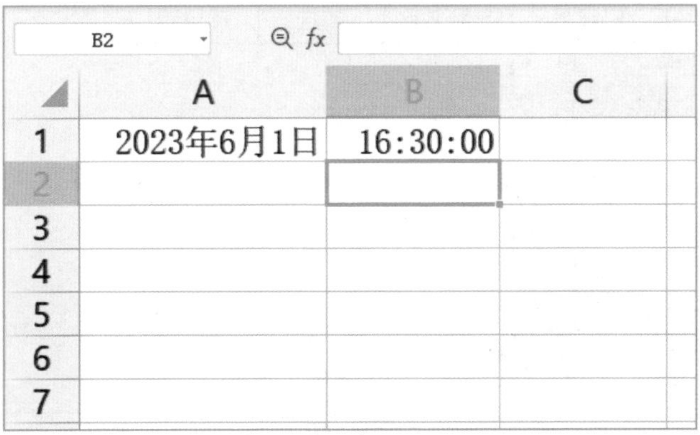

B2 fx

	A	B	C
1	2023年6月1日	16:30:00	
2			
3			
4			
5			
6			
7			

图 4-38

4.3.4 填充数据

在录入数据时，时常会有某行或某列存在有序排列的数据或是重复的数据，这时候用户可以使用填充功能快速录入数据。

1.填充数字序列

数字序列是指同一行或同一列中有一定规律的数据，包括等差序列和等比序列，这两种序列的填充方法相同。

填充等差序列的操作步骤如下：

1. 在A1单元格内输入序列的第一位数字“1”，将鼠标指针放在该单元格右下角，光标会变成【＋】，如图4-39所示。

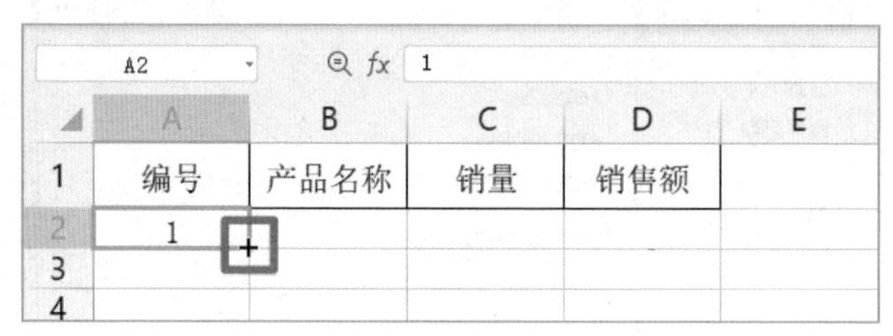

A2 | fx 1

	A	B	C	D	E
1	编号	产品名称	销量	销售额	
2	1				
3					
4					

图 4-39

2. 按住鼠标左键并向下拖动，拖动到合适的位置时松开鼠标，可以发现公差为1的等差序列已经填充完成，如图4-40所示。

A2 | fx 1

	A	B	C	D	E
1	编号	产品名称	销量	销售额	
2	1				
3	2				
4	3				
5	4				
6	5				
7	6				
8	7				
9	8				
10	9				
11					
12					

图 4-40

填充等比序列的操作步骤如下：

1. 在B2单元格中输入序列的第一位数字“2”，在B3单元格中输入第二位“4”，在B4单元格中输入第三位“8”，同时选中B2、B3和B4单元格，将光标放置在选中区域右下角，光标会变成【＋】，如图4-41所示。

2 按住鼠标左键并向下拖动，拖动到合适的位置时松开鼠标，可以发现一个公比为2的等比序列已经填充完成，如图4-42所示。

B2 fx 2

	A	B	C	D	E
1	编号	产品名称	销量	销售额	
2	1	2			
3	2	4			
4	3	8			
5	4				
6	5				
7	6				
8	7				
9	8				
10	9				
11					
12					

图 4-41

B2 fx 2

	A	B	C	D	E
1	编号	产品名称	销量	销售额	
2	1	2			
3	2	4			
4	3	8			
5	4	16			
6	5	32			
7	6	64			
8	7	128			
9	8	256			
10	9	512			
11					
12					

图 4-42

2.填充相同内容

用户在录入内容时，经常会遇到同一行或同一列中有多个连续且相同的内容，此时如果总是一个一个地输入或反复使用“复制”“粘贴”会十分麻烦，而使用填充功能则可以快速录入。相同内容分为文本型和数据型两种。

填充相同的文本型内容的操作步骤如下：

1 在B2单元格内输入一个文本，如“矿泉水”，将鼠标指针放在该单元格右下角，光标会变成【+】，如图4-43所示。

2 按住鼠标左键并向下拖动，拖动到合适的位置时松开鼠标，可以发现一列相同的内容已经填充完成，如图4-44所示。

B2 fx 矿泉水

	A	B	C	D	E
1	编号	产品名称	销量	销售额	
2	1	矿泉水			
3	2				
4	3				
5	4				
6	5				
7	6				
8	7				
9	8				
10	9				
11					
12					

图 4-43

B2 fx 矿泉水

	A	B	C	D	E
1	编号	产品名称	销量	销售额	
2	1	矿泉水			
3	2	矿泉水			
4	3	矿泉水			
5	4	矿泉水			
6	5	矿泉水			
7	6	矿泉水			
8	7	矿泉水			
9	8	矿泉水			
10	9	矿泉水			
11					
12					

图 4-44

在填充数据型内容时，如果使用和文本型内容相同的填充方法，系统会默认填充为公差为 1 的等差序列，因此填充数据型内容需要先输入两个相同的数据，操作步骤如下：

1 在C2、C3单元格内输入“100”，选中这两个单元格，将鼠标指针放在选中区域的右下角，光标会变成【+】，如图4-45所示。

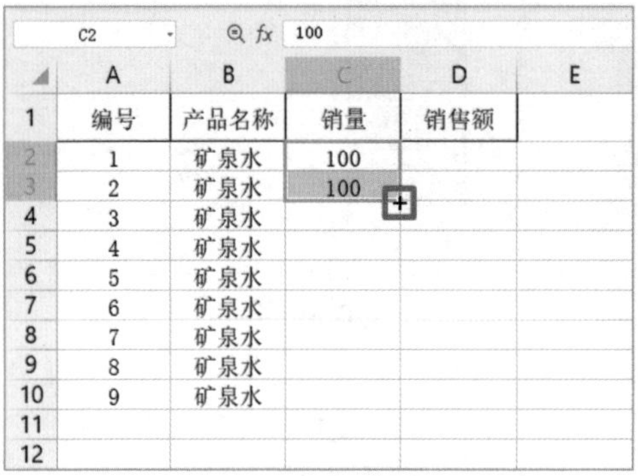

C2 fx 100

	A	B	C	D	E
1	编号	产品名称	销量	销售额	
2	1	矿泉水	100		
3	2	矿泉水	100		
4	3	矿泉水			
5	4	矿泉水			
6	5	矿泉水			
7	6	矿泉水			
8	7	矿泉水			
9	8	矿泉水			
10	9	矿泉水			
11					
12					

图 4-45

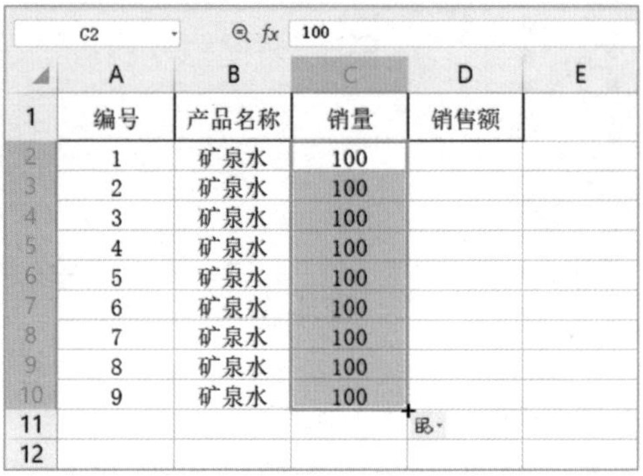

C2 fx 100

	A	B	C	D	E
1	编号	产品名称	销量	销售额	
2	1	矿泉水	100		
3	2	矿泉水	100		
4	3	矿泉水	100		
5	4	矿泉水	100		
6	5	矿泉水	100		
7	6	矿泉水	100		
8	7	矿泉水	100		
9	8	矿泉水	100		
10	9	矿泉水	100		
11					
12					

图 4-46

4.4 美化表格

在制作电子表格时，在最后往往还需要美化表格，如设置表格样式、单元格样式、边框、底纹等。这样既可以使表格更加美观，也可以增强表格的可读性。下面介绍美化表格的几种方法。

4.4.1 套用表格样式

WPS Office 软件中，有很多自带的表格样式可以直接套用，非常方便，操作步骤如下：

1 打开一个表格，以“xxx公司现金记账月报”为例，选中整个表格，在【开始】选项卡下单击【表格样式】下拉按钮，如图4-47所示。

2 在【表格样式】下拉列表中单击选择一种样式，如图4-48所示。

xxx公司现金记账月报						
日期	摘要	上周余额	本期借方	本期贷方	期末余额（元）	备注
					0	
					0	
					0	
					0	
					0	
					0	
					0	
					0	
合计		0	0	0	0	

图 4-47

xxx公司现金记账月报						
日期	摘要	上周余额	本期借方	本期贷方	期末余额（元）	备注
					0	
					0	
					0	
					0	
					0	
					0	
					0	
					0	
合计		0	0	0	0	

图 4-48

3 弹出【套用表格样式】对话框，确认对话框内相应的信息无误，单击【仅套用表格样式】单选按钮，单击【确定】按钮，如图4-49所示。

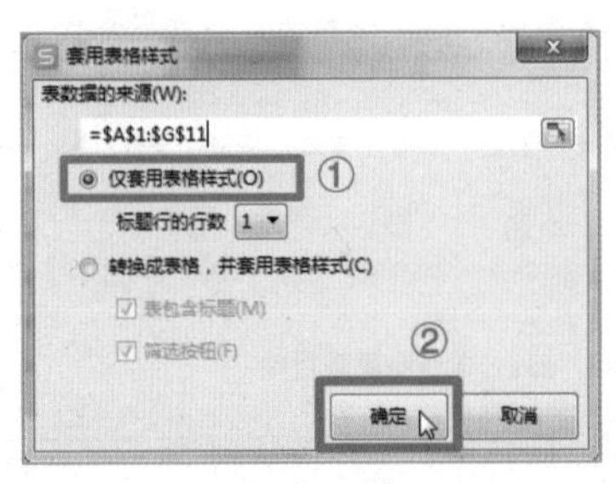

图 4–49

4 返回工作表界面，套用表格样式的效果如图4–50所示。

A1　fx　xxx公司现金记账月报

	A	B	C	D	E	F	G
1	xxx公司现金记账月报						
2	日期	摘要	上周余额	本期借方	本期贷方	期末余额（元）	备注
3						0	
4						0	
5						0	
6						0	
7						0	
8						0	
9						0	
10						0	
11	合计		0	0	0	0	
12							

图 4–50

WPS Office为用户提供了许多整理、美化表格的方案，点击【页面布局】选项卡下的【表格整理美化】按钮，弹出的【表格整理美化】窗格中有许多方案可以选择，用户可以利用这些方案使自己的表格更加美观。

4.4.2 应用单元格样式

在WPS表格中，不仅可以为表格套用整体样式，还可以为单元格或单

元格区域应用样式，操作步骤如下：

1 打开一个表格，以“xxx公司现金记账月报”为例，选中需要应用样式的单元格，在【开始】选项卡下，单击【单元格样式】下拉按钮，在其下拉列表中单击选择需要的样式，如图4-51所示。

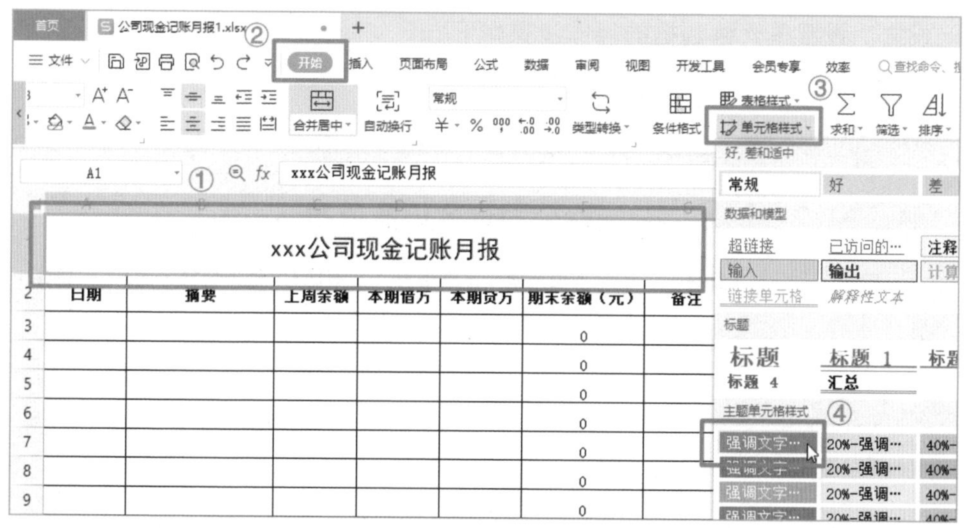

图 4-51

2 返回工作表界面，应用样式后的单元格如图4-52所示。

	A	B	C	D	E	F	G
1	xxx公司现金记账月报						
2	日期	摘要	上周余额	本期借方	本期贷方	期末余额（元）	备注
3						0	
4						0	
5						0	
6						0	
7						0	
8						0	
9						0	
10						0	
11	合计		0	0	0	0	

图 4-52

4.4.3 设置边框和底纹

1. 设置单元格边框

如图 4–53 所示，在系统默认状态下，表格是没有边框的，需要用户自己设置。设置单元格边框的操作步骤如下：

	A	B	C	D	E	F	G
1	xxx公司现金记账月报						
2	日期	摘要	上周余额	本期借方	本期贷方	期末余额（元）	备注
3						0	
4						0	
5						0	
6						0	
7						0	
8						0	
9						0	
10						0	
11	合计		0	0	0	0	
12							

图 4–53

1 打开一个表格，以“xxx公司现金记账月报”为例，选中A1:G11单元格区域，如图4–54所示。

2 在【开始】选项卡下，单击【边框】下拉按钮，在其下拉列表中选择【其他边框】选项，如图4–55所示。

A1　xxx公司现金记账月报

xxx公司现金记账月报						
日期	摘要	上周余额	本期借方	本期贷方	期末余额（元）	备注
					0	
					0	
					0	
					0	
					0	
					0	
					0	
					0	
合计		0	0	0	0	

图 4–54

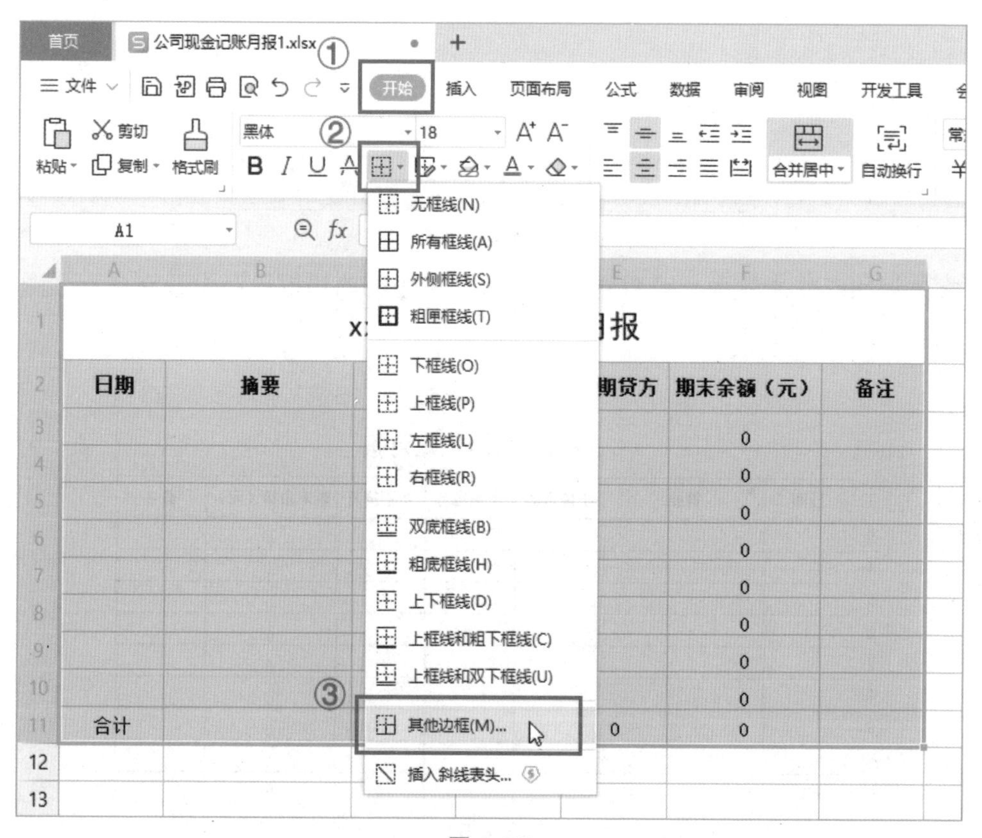

图 4–55

3 弹出【单元格格式】对话框，单击【边框】选项卡，单击【预置】选项组中的【外边框】和【内部】按钮，最后单击【确定】按钮，如图4–56所示。

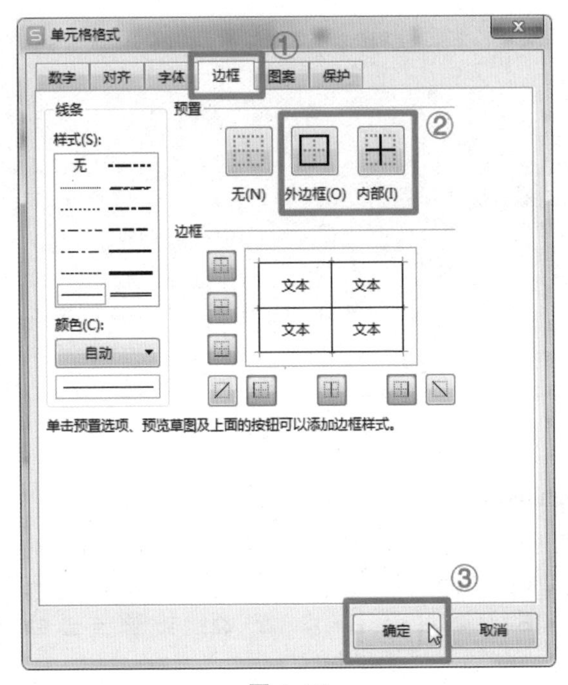

图 4–56

4 返回工作表界面，可以看到表格外部和内部的边框已经设置完毕，如图4–57所示。

	A	B	C	D	E	F	G
1	xxx公司现金记账月报						
2	日期	摘要	上周余额	本期借方	本期贷方	期末余额（元）	备注
3						0	
4						0	
5						0	
6						0	
7						0	
8						0	
9						0	
10						0	
11	合计		0	0	0	0	

图 4–57

2. 设置单元格底纹

底纹和边框一样，都是美化表格的一种方式，设置单元格底纹的操作步骤如下：

1 打开一个表格，以“xxx公司现金记账月报”为例，选中A2:G11单元格区域，在【开始】选项卡下，单击【填充颜色】下拉按钮，在弹出的列表中选择【其他颜色】选项，如图4-58所示。

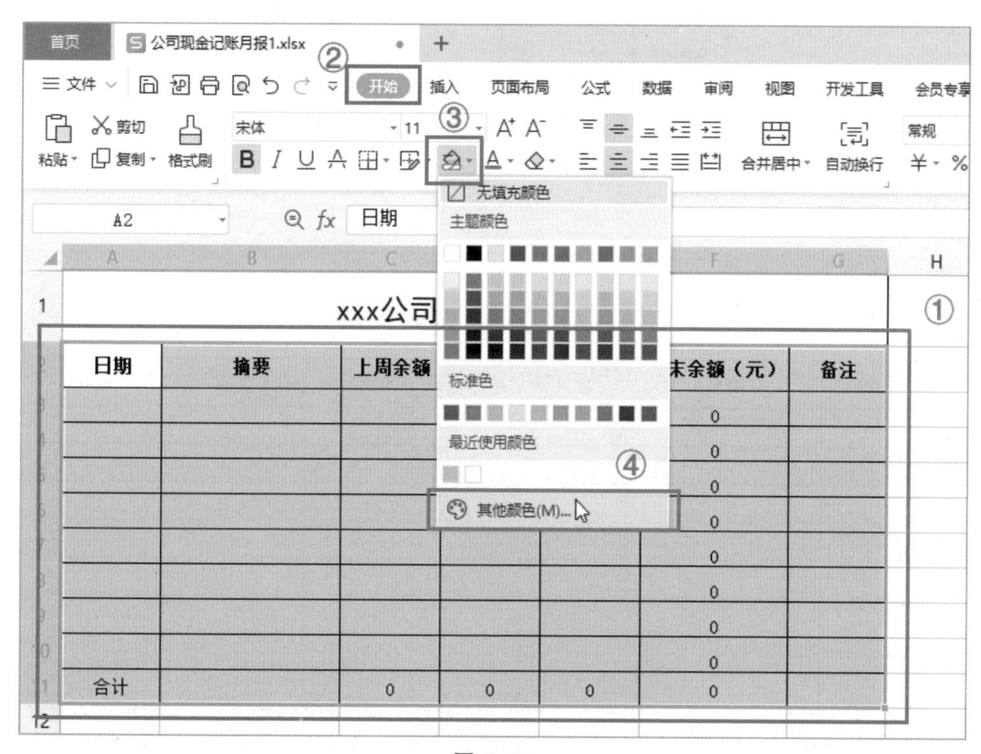

图 4-58

2 弹出【颜色】对话框，单击【自定义】选项卡，设置颜色的参数分别为150、250、185，单击【确定】按钮，如图4-59所示。

3 返回工作表界面，单元格底纹效果已设置完成，如图4-60所示。

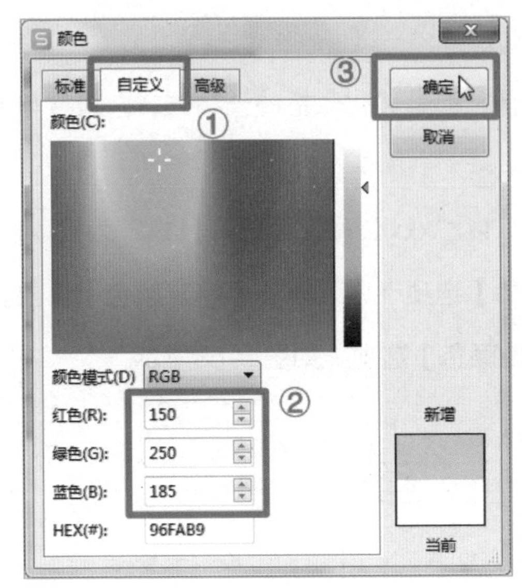

图 4–59

	A	B	C	D	E	F	G
1	xxx公司现金记账月报						
2	日期	摘要	上周余额	本期借方	本期贷方	期末余额（元）	备注
3						0	
4						0	
5						0	
6						0	
7						0	
8						0	
9						0	
10						0	
11	合计		0	0	0	0	

图 4–60

Chapter

05

第 5 章

数据的处理与分析

数据的处理与分析是WPS表格最主要的功能，在对数据进行排序、筛选、分类汇总以及查找时，利用WPS表格可以大大提高工作效率。通过学习本章，读者可以快速掌握如何利用WPS表格处理与分析数据。

学习要点：★掌握数据排序的基本方法

★掌握数据筛选的基本方法

★学会分类与汇总数据

★学会使用条件格式分析数据

5.1 数据排序

对数据进行排序是在处理数据时十分常见的操作。根据不同的场景和需求，数据排序的规则也不同，如按数值大小、字母顺序、笔画顺序等排序。按照规则与关键字的多少，数据排序一般分为简单排序、复杂排序和自定义排序三种。

5.1.1 简单排序

对表格的某一列进行简单的排序叫作简单排序，简单排序分为升序排序和降序排序两种。升序排序是指将数据按照从小到大的顺序进行排序；降序排序是指将数据按照从大到小的顺序进行排序。简单排序的操作步骤如下：

1 选中需要排序的序列中的任意单元格，然后单击【数据】选项卡中的【排序】下拉按钮，在下拉列表中选择【升序】或【降序】选项，这里选择【升序】选项，如图5-1所示。

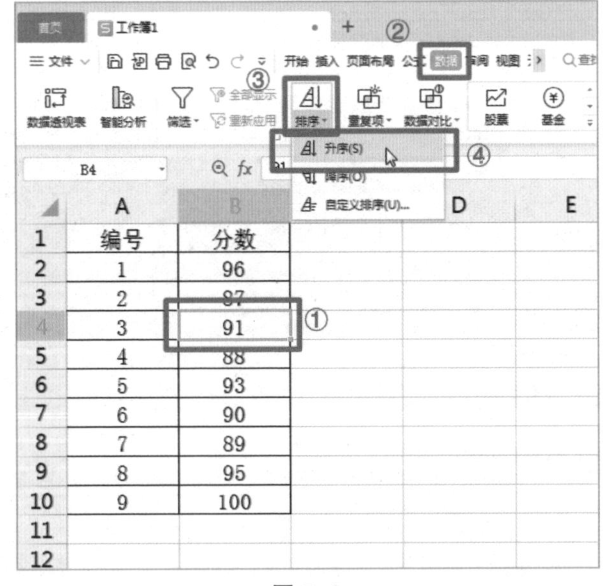

图 5-1

2 排序效果如图5-2所示。

	A	B	C
1	编号	分数	
2	2	87	
3	4	88	
4	7	89	
5	6	90	
6	3	91	
7	5	93	
8	8	95	
9	1	96	
10	9	100	
11			

图 5-2

5.1.2 复杂排序

对表格中的数据按照多个关键字进行排序叫作复杂排序。复杂排序的操作步骤如下：

1 打开需要进行排序的文件，以“2班学生成绩表”为例，选中任意单元格，单击【数据】选项卡下的【排序】下拉按钮，在下拉列表中选择【自定义排序】选项，如图5-3所示。

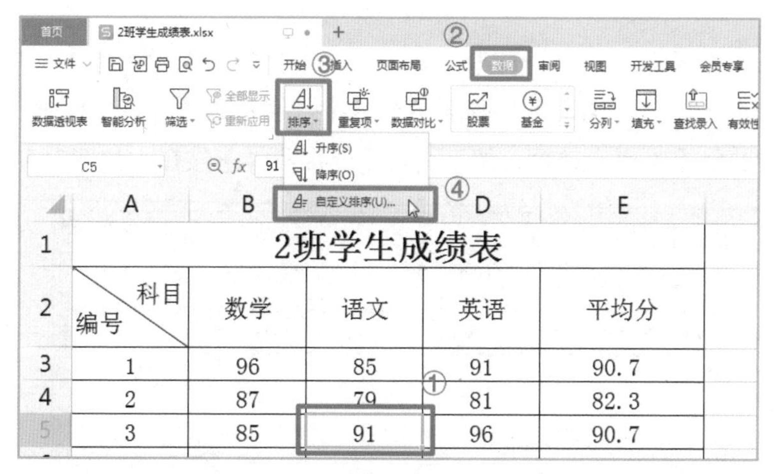

图 5-3

2 弹出【排序】对话框，单击【选项】按钮，如图5-4所示。

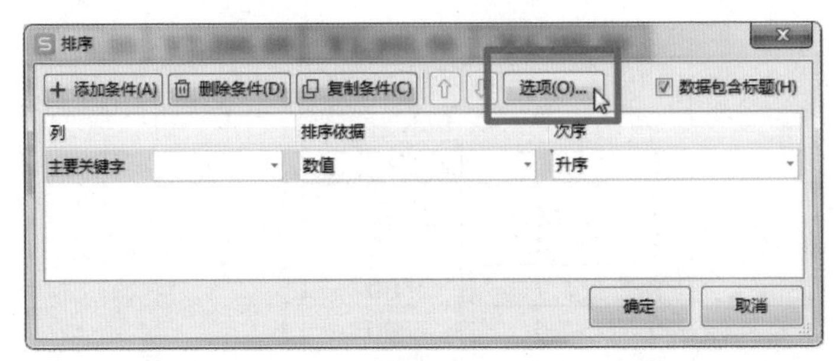

图 5-4

3 弹出【排序选项】对话框，在方向一栏中单击【按列排序】单选按钮，在方式一栏中单击【拼音排序】单选按钮，单击【确定】按钮，如图5-5所示。

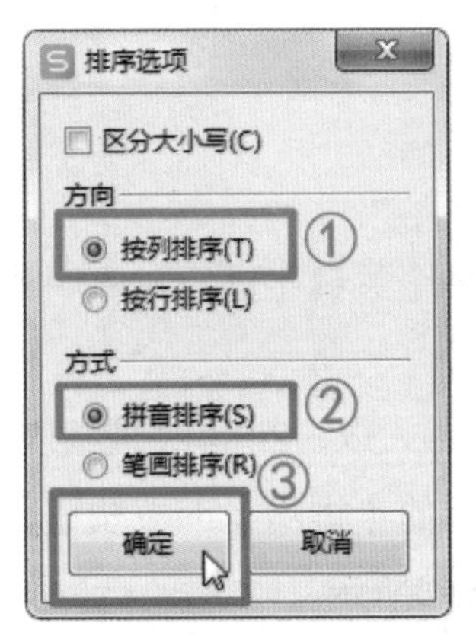

图 5-5

4 返回【排序】对话框，在【主要关键字】下拉列表中选择【平均分】选项，在【排序依据】下拉列表中选择【数值】选项，在【次序】下拉列表中选择【降序】选项，然后单击【添加条件】按钮，如图5-6所示。

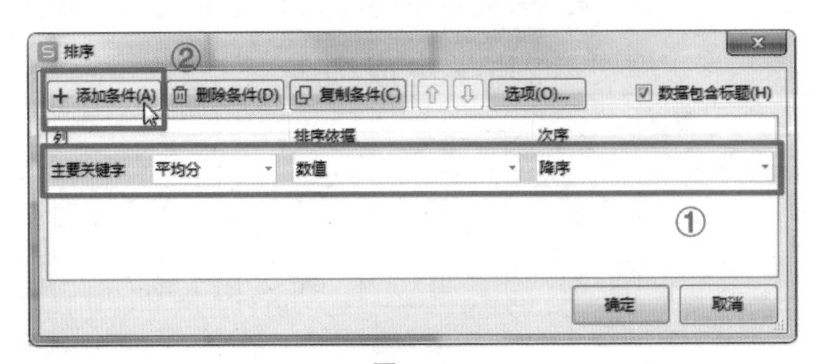

图 5-6

5 【排序】对话框中新增了一个排序条件，在【次要关键字】下拉列表中选择【数学】选项，在【排序依据】下拉列表中选择【数值】选项，在【次序】下拉列表中选择【升序】选项，单击【确定】按钮，如图5-7所示。

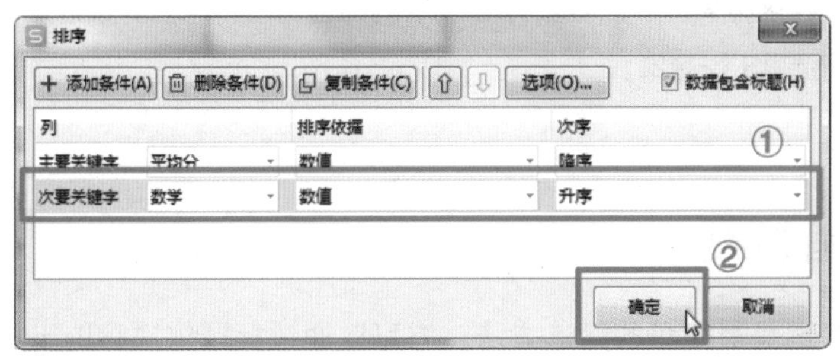

图 5-7

6 返回工作表界面，表格中的数据已经按照平均分降序的顺序排列了，当平均分（主要关键字）相同时，数学成绩（次要关键字）则按照升序排列，如图5-8所示。

2班学生成绩表

科目 / 编号	数学	语文	英语	平均分
3	85	91	96	90.7
6	91	96	85	90.7
1	96	85	91	90.7
9	100	81	90	90.3
5	93	85	92	90.0
8	80	79	92	83.7
4	75	95	78	82.7
2	87	79	81	82.3
7	89	81	76	82.0

图 5-8

实用贴士

默认情况下，在 WPS 表格中对数据进行排序是按列纵向排序的，如果需要横向按行排序，只需在【排列选项】对话框的【方向】一栏中单击【按行排序】单选按钮即可。

5.2 数据筛选

在进行数据处理与分析的过程中，有时会需要从大量表格中寻找符合要求的数据。在这种情况下，可以利用 WPS 的筛选功能将需要的数据直接筛选出来，从而提高工作效率。

5.2.1 自动筛选

自动筛选是最简单的筛选方法，它可以通过标题依次筛选出指定数据的内容，操作步骤如下：

1 打开需要筛选的表格，以“XXX公司员工名单”为例，选中整个表格，在【数据】选项卡下，单击【筛选】按钮，如图5-9所示。

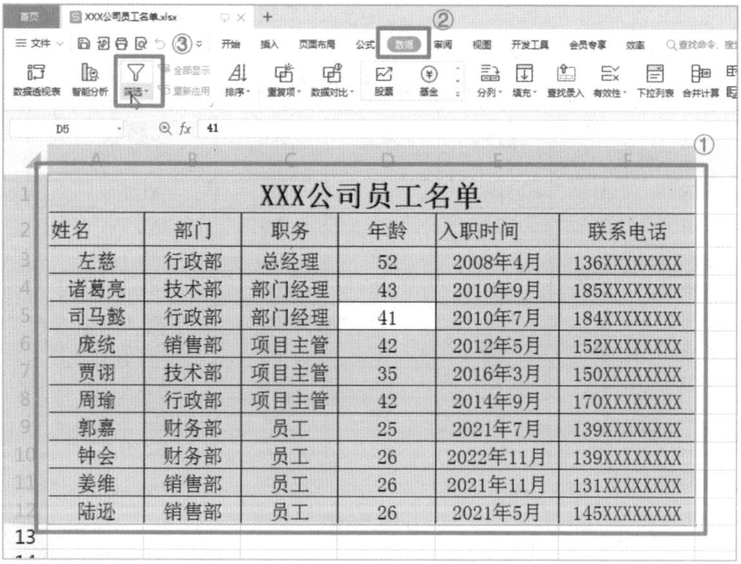

XXX公司员工名单

姓名	部门	职务	年龄	入职时间	联系电话
左慈	行政部	总经理	52	2008年4月	136XXXXXXXX
诸葛亮	技术部	部门经理	43	2010年9月	185XXXXXXXX
司马懿	行政部	部门经理	41	2010年7月	184XXXXXXXX
庞统	销售部	项目主管	42	2012年5月	152XXXXXXXX
贾诩	技术部	项目主管	35	2016年3月	150XXXXXXXX
周瑜	行政部	项目主管	42	2014年9月	170XXXXXXXX
郭嘉	财务部	员工	25	2021年7月	139XXXXXXXX
钟会	财务部	员工	26	2022年11月	139XXXXXXXX
姜维	销售部	员工	26	2021年11月	131XXXXXXXX
陆逊	销售部	员工	26	2021年5月	145XXXXXXXX

图 5-9

2 可以发现在每个标题单元格的右上角都出现了一个【 】形状的【筛选】下拉按钮，单击“职务”所在单元格上的下拉按钮，如图5-10所示。

XXX公司员工名单					
姓名	部门	职务	年龄	入职时间	联系电话
左慈	行政部	总经理	52	2008年4月	136XXXXXXXX
诸葛亮	技术部	部门经理	43	2010年9月	185XXXXXXXX
司马懿	行政部	部门经理	41	2010年7月	184XXXXXXXX
庞统	销售部	项目主管	42	2012年5月	152XXXXXXXX
贾诩	技术部	项目主管	35	2016年3月	150XXXXXXXX
周瑜	行政部	项目主管	42	2014年9月	170XXXXXXXX
郭嘉	财务部	员工	25	2021年7月	139XXXXXXXX
钟会	财务部	员工	26	2022年11月	139XXXXXXXX
姜维	销售部	员工	26	2021年11月	131XXXXXXXX
陆逊	销售部	员工	26	2021年5月	145XXXXXXXX

图 5-10

3 在弹出的列表中取消勾选【全选/反选】复选框，仅勾选【员工】复选框，单击【确定】按钮，如图5-11所示。

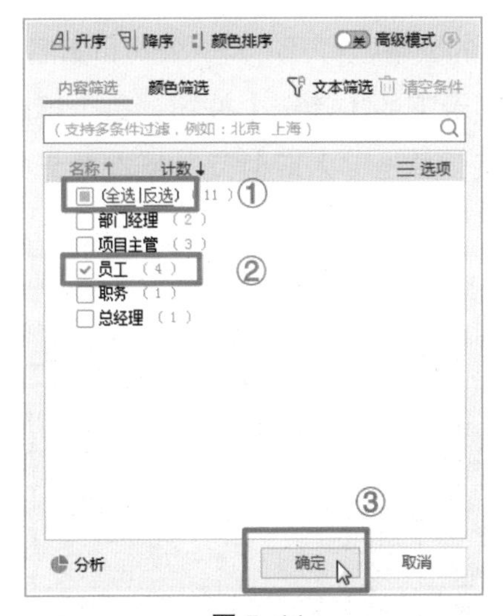

图 5-11

4 返回工作表界面，可以看到所有“员工”已经被筛选出来，如图5-12所示。

XXX公司员工名单					
郭嘉	财务部	员工	25	2021年7月	139XXXXXXXX
钟会	财务部	员工	26	2022年11月	139XXXXXXXX
姜维	销售部	员工	26	2021年11月	131XXXXXXXX
陆逊	销售部	员工	26	2021年5月	145XXXXXXXX

图 5-12

实用贴士

如果想要快速查看表格中每个项目中各个数据的个数，只需点击【筛选】下拉按钮，在其下拉列表中会自动统计该项目中各个数据的个数。并且，将鼠标指针移动到各个数据上，系统还会自动显示该数据在表格中的占比情况。

5.2.2 自定义筛选

自定义筛选是指通过定义筛选条件来查询符合要求的数据，以在“XXX公司员工名单”中筛选入职时间为 2021 年的员工为例，操作步骤如下：

1 打开需要进行筛选的表格，打开“XXX公司员工名单”，选中整个表格，单击【数据】选项卡下的【筛选】按钮，每个标题单元格的右上角都出现了一个下拉按钮，单击“入职时间”所在单元格上的下拉按钮，如图5-13所示。

D5 fx 41

XXX公司员工名单					
姓名	部门	职务	年龄	入职时间	联系电话
左慈	行政部	总经理	52	2008年4月	136XXXXXXXX
诸葛亮	技术部	部门经理	43	2010年9月	185XXXXXXXX
司马懿	行政部	部门经理	41	2010年7月	184XXXXXXXX
庞统	销售部	项目主管	42	2012年5月	152XXXXXXXX
贾诩	技术部	项目主管	35	2016年3月	150XXXXXXXX
周瑜	行政部	项目主管	42	2014年9月	170XXXXXXXX
郭嘉	财务部	员工	25	2021年7月	139XXXXXXXX
钟会	财务部	员工	26	2022年11月	139XXXXXXXX
姜维	销售部	员工	26	2021年11月	131XXXXXXXX
陆逊	销售部	员工	26	2021年5月	145XXXXXXXX

图 5-13

2 在弹出的列表中单击【日期筛选】按钮，在其下拉列表中选择【自定义筛选】选项，如图5-14所示。

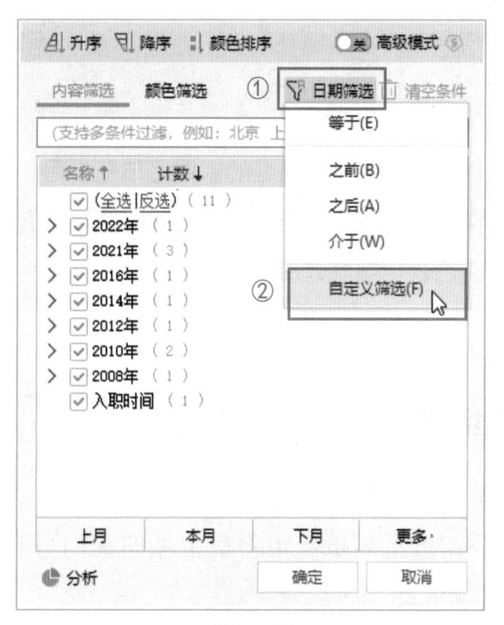

图 5-14

3 弹出【自定义自动筛选方式】对话框，设置【开头是】的数值为“2021年”，单击【确定】按钮，如图5-15所示。

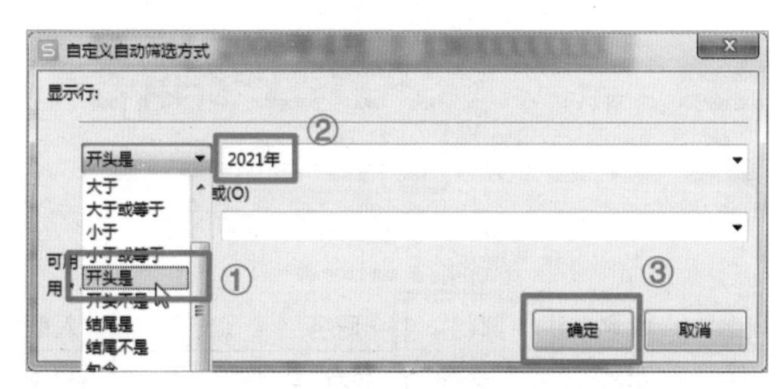

图 5-15

4 返回工作表界面，可以看到入职时间为2021年的员工数据按照设置的自定义筛选条已经被筛选出来，如图5-16所示。

	A	B	C	D	E	F
1	XXX公司员工名单					
2	姓名	部门	职务	年龄	入职时间	联系电话
3	郭嘉	财务部	员工	25	2021年7月	139XXXXXXXX
4	姜维	销售部	员工	26	2021年11月	131XXXXXXXX
5	陆逊	销售部	员工	26	2021年5月	145XXXXXXXX
6						

图 5-16

5.3 数据分类汇总

数据分类汇总就是将具有某种共性的数据汇总在一起。利用数据分类汇总功能，可以将表格中的数据进行分类，这样既可以使表格的结构更加清晰，也便于查找信息，对之后进行数据处理分析也有很大帮助。

5.3.1 简单分类汇总

简单分类汇总是最常用的汇总方法，在进行分类汇总之前，需要先进行排序。以在“XXX 公司员工名单”中将员工按照部门分类汇总为例，操作步骤如下：

1 打开“XXX公司员工名单”，选中“部门”单元格，在【数据】选项卡下，单击【排序】下拉按钮，在下拉列表中选择【升序】选项，如图5-17所示。

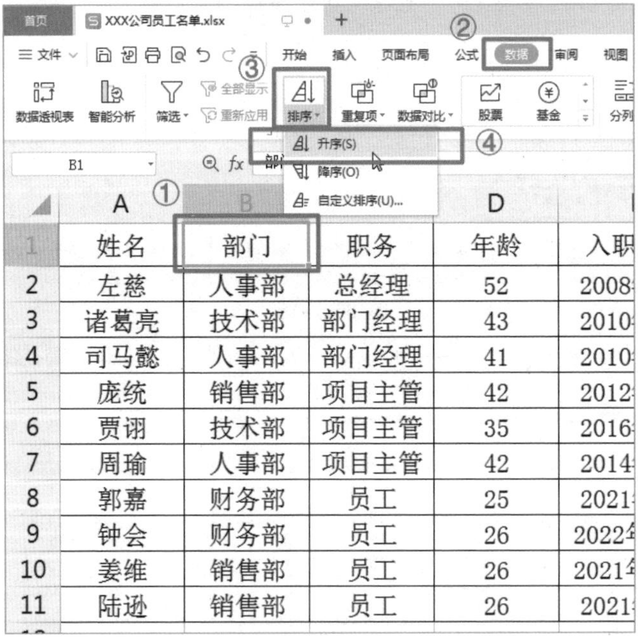

	A	B	C	D	E
1	姓名	部门	职务	年龄	入职
2	左慈	人事部	总经理	52	2008
3	诸葛亮	技术部	部门经理	43	2010
4	司马懿	人事部	部门经理	41	2010
5	庞统	销售部	项目主管	42	2012
6	贾诩	技术部	项目主管	35	2016
7	周瑜	人事部	项目主管	42	2014
8	郭嘉	财务部	员工	25	2021
9	钟会	财务部	员工	26	2022
10	姜维	销售部	员工	26	2021
11	陆逊	销售部	员工	26	2021

图 5-17

2 这时表格数据会根据“部门”的拼音首字母进行升序排序，如图5-18所示。

	A	B	C	D	E	F
1	姓名	部门	职务	年龄	入职时间	基本工资
2	郭嘉	财务部	员工	25	2021年7月	￥6,000
3	钟会	财务部	员工	26	2022年11月	￥4,500
4	诸葛亮	技术部	部门经理	43	2010年9月	￥7,000
5	贾诩	技术部	项目主管	35	2016年3月	￥6,000
6	左慈	人事部	总经理	52	2008年4月	￥8,500
7	司马懿	人事部	部门经理	41	2010年7月	￥7,000
8	周瑜	人事部	项目主管	42	2014年9月	￥6,000
9	庞统	销售部	项目主管	42	2012年5月	￥6,000
10	姜维	销售部	员工	26	2021年11月	￥6,000
11	陆逊	销售部	员工	26	2021年5月	￥6,000
12						

图 5-18

3 依旧在【数据】选项卡下，单击【分类汇总】按钮，弹出【分类汇总】对话框，如图5-19所示。

4 在【分类字段】下拉列表中选择【部门】选项，在【汇总方式】下拉列表中选择【求和】选项，在【选定汇总项】列表框中勾选【基本工资】复选框，单击【确定】按钮，如图5-20所示。

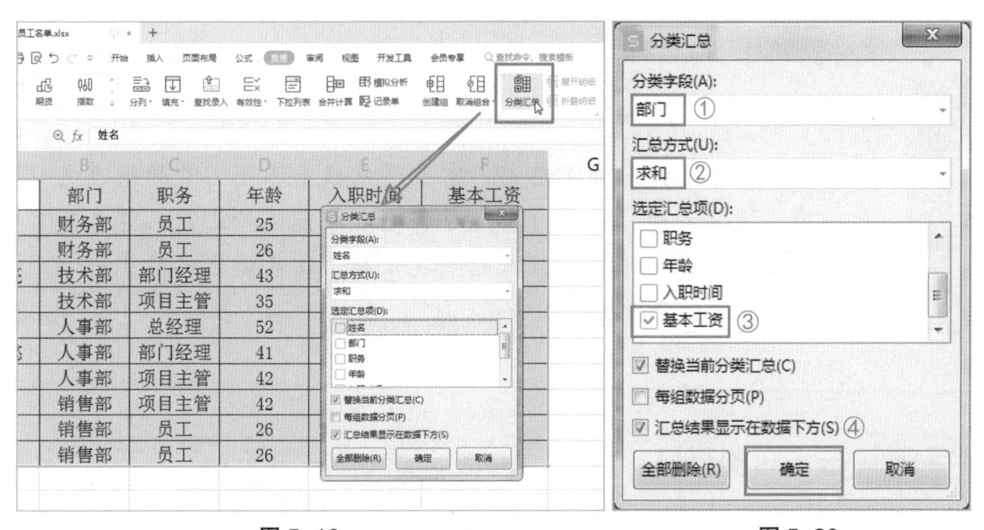

图 5-19　　图 5-20

5 返回工作表界面，表格已经按照“部门”将数据进行了分类，并且将“基本工资”进行了汇总，如图5-21所示。

	A	B	C	D	E	F
1	姓名	部门	职务	年龄	入职时间	基本工资
2	郭嘉	财务部	员工	25	2021年7月	¥6,000
3	钟会	财务部	员工	26	2022年11月	¥4,500
4		财务部 汇总				¥10,500
5	诸葛亮	技术部	部门经理	43	2010年9月	¥7,000
6	贾诩	技术部	项目主管	35	2016年3月	¥6,000
7		技术部 汇总				¥13,000
8	左慈	人事部	总经理	52	2008年4月	¥8,500
9	司马懿	人事部	部门经理	41	2010年7月	¥7,000
10	周瑜	人事部	项目主管	42	2014年9月	¥6,000
11		人事部 汇总				¥21,500
12	庞统	销售部	项目主管	42	2012年5月	¥6,000
13	姜维	销售部	员工	26	2021年11月	¥6,000
14	陆逊	销售部	员工	26	2021年5月	¥6,000
15		销售部 汇总				¥18,000
16		总计				¥63,000

图 5-21

6 汇总区域左上角出现了3个数字按钮，“1”代表了汇总项的统计结果，“2”代表分类汇总结果，“3”代表每一类的具体数据。若想查看当前表格的大体分类情况，只需单击数字按钮“2”即可，如图5-22所示。

	A	B	C	D	E	F
1	姓名	部门	职务	年龄	入职时间	基本工资
4		财务部 汇总				¥10,500
7		技术部 汇总				¥13,000
11		人事部 汇总				¥21,500
15		销售部 汇总				¥18,000
16		总计				¥63,000

图 5-22

在对表格进行分类汇总前，需要对表格中不同类型的项目进行排序，使其各项目符合分类的条件之后才能进行汇总。许多用户未对表格进行排序就直接进行分类汇总，这会使表格变得更加混乱，不能达到分析数据的作用。

5.3.2 嵌套分类汇总

除了可以进行简单的分类汇总，还可以进行嵌套分类汇总，即在创建一级分类汇总之后，在每一个汇总项目下面，还可以继续创建分类汇总。嵌套分类汇总的操作步骤如下：

1 打开已经进行了简单分类汇总的表格，以“XXX公司员工名单”为例，在【数据】选项卡下，单击【分类汇总】按钮，弹出【分类汇总】对话框，如图5-23所示。

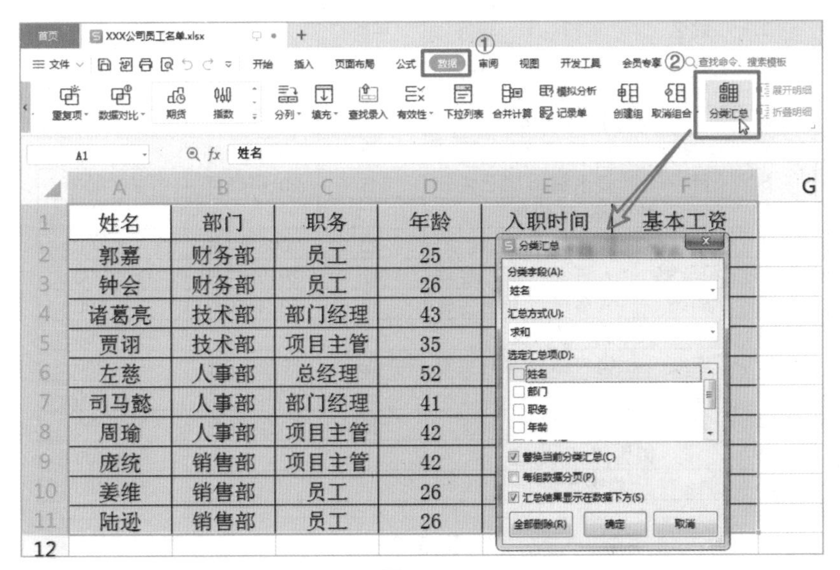

姓名	部门	职务	年龄	入职时间	基本工资
郭嘉	财务部	员工	25		
钟会	财务部	员工	26		
诸葛亮	技术部	部门经理	43		
贾诩	技术部	项目主管	35		
左慈	人事部	总经理	52		
司马懿	人事部	部门经理	41		
周瑜	人事部	项目主管	42		
庞统	销售部	项目主管	42		
姜维	销售部	员工	26		
陆逊	销售部	员工	26		

图 5-23

2 在【分类字段】下拉列表中选择【部门】选项，在【汇总方式】下拉列表中选择【平均值】选项，在【选定汇总项】列表框中勾选【基本工资】复选框，取消勾选【替换当前分类汇总】复选框，单击【确定】按钮，如图5-24所示。

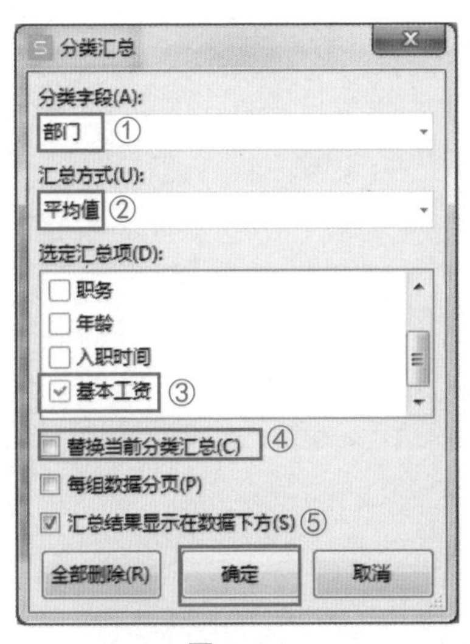

图 5-24

3 返回工作表界面，表格数据已经按照“部门”将数据进行了嵌套分类汇总，并且计算了“基本工资”的平均数，效果如图5-25所示。

	A	B	C	D	E	F
1	姓名	部门	职务	年龄	入职时间	基本工资
2	郭嘉	财务部	员工	25	2021年7月	￥6,000
3	钟会	财务部	员工	26	2022年11月	￥4,500
4	**财务部 平均值**					￥5,250
5	诸葛亮	技术部	部门经理	43	2010年9月	￥7,000
6	贾诩	技术部	项目主管	35	2016年3月	￥6,000
7	**技术部 平均值**					￥6,500
8	左慈	人事部	总经理	52	2008年4月	￥8,500
9	司马懿	人事部	部门经理	41	2010年7月	￥7,000
10	周瑜	人事部	项目主管	42	2014年9月	￥6,000
11	**人事部 平均值**					￥7,167
12	庞统	销售部	项目主管	42	2012年5月	￥6,000
13	姜维	销售部	员工	26	2021年11月	￥6,000
14	陆逊	销售部	员工	26	2021年5月	￥6,000
15	**销售部 平均值**					￥6,000
16		**总平均值**				￥6,300

图 5-25

Chapter

06

第 6 章

公式与函数的使用

WPS表格具有强大的数据计算能力，除加、减、乘、除等基本运算外，还有求和、求平均值、求最大/最小值、占比计算、利息计算、折旧计算等函数应用。不过，在使用这些功能前，需要对公式与函数有一定的学习和了解，本章将介绍如何在WPS表格中使用公式与函数。

学习要点：★学会使用公式分析数据

★学会使用函数计算数据

★掌握常用函数的使用方法

6.1 使用公式分析数据

公式是在工作表中对数据进行分析和计算的算式，是由数字、函数、运算符及单元格引用等元素组成的计算式，利用公式可以大大提高用户分析数据的效率。下面将详细介绍公式以及运算符，输入和编辑公式，单元格引用。

6.1.1 了解公式以及运算符

1.公式的组成

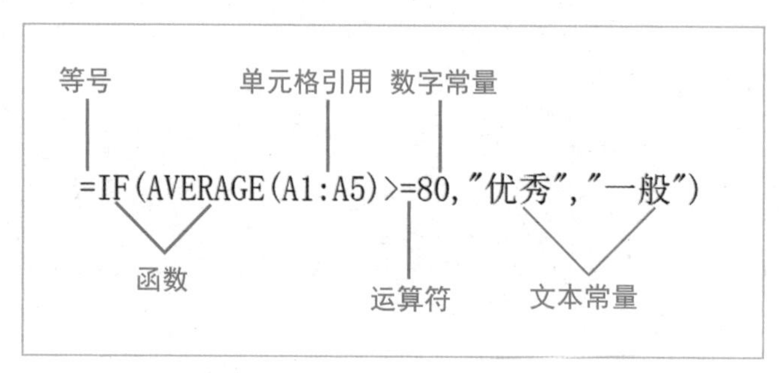

图 6–1

如图 6–1 所示，这是一个通过计算 A1 到 A5 单元格的平均值来判断学生水平的公式。该公式由以下几个部分组成：

◆等号：公式必须以等号开始，说明它是一个公式。

◆函数：函数表示这个公式要执行的操作，例如“SUM”表示求和，“AVERAGE”表示求平均值等。

◆括号：括号中包含函数要操作的数据，这些数据可以是单元格引用、数值、文本等。

◆单元格引用：单元格引用指在一个公式中使用某个单元格的值或者引用某个单元格的位置。

◆常量：常量是指在公式中使用的一个固定的数值或文本值，它的值在公式中不会发生变化。常量可以是数字、日期、时间或文本等。

◆运算符：运算符是指用于进行运算的符号，它可以将一个或多个值组合在一起，并生成一个新的值。

2.运算符

运算符是公式中十分重要的组成部分，共分为算术运算符、比较运算符、文本运算符及引用运算符四种。

◆算术运算符是用于进行基本的数学运算的运算符，具体符号及含义见表 6–1。

表 6–1

算术运算符	符号名称	含义
+	加号	进行加法运算
–	减号	进行减法运算
	负号	求相反数
*	乘号	进行乘法运算
/	除号	进行除法运算
%	百分号	将值缩小 100 倍
^	乘方	进行乘方运算

◆比较运算符是用于将两个数值进行比较的运算符，具体符号及含义见表 6–2。

表 6–2

比较运算符	符号名称	含义
=	等号	判断左右两边的数据是否相等
>	大于号	判断左边的数据是否大于右边的数据
<	小于号	判断左边的数据是否小于右边的数据
>=	大于等于号	判断左边的数据是否大于或等于右边的数据
<=	小于等于号	判断左边的数据是否小于或等于右边的数据
<>	不等于号	判断左右两边的数据是否不相等

◆文本运算符是用于将文本连接在一起的运算符，具体符号及含义见表6–3。

表 6–3

文本运算符	符号名称	含义
&	连接符号	将两个文本连接在一起形成一个连续的文本

◆引用运算符是用于将单元格区域合并运算的运算符，具体符号及含义见表 6–4。

表 6–4

引用运算符	符号名称	含义
:	冒号	对两个引用之间，包括两个引用在内的所有单元格进行引用
空格	单个空格	对两个引用相交叉的区域进行引用
,	逗号	将多个引用合并为一个引用

另外，在公式中，不同运算符的优先级是不同的。当一个公式中出现了多种运算符，要按照优先级由高到低的顺序计算；优先级相同时，则遵循由左到右的顺序计算。运算符优先级由高到低依次为：引用运算符、负号、百分比、乘方、乘除、加减、连接符、比较运算符。

6.1.2 输入和编辑公式

使用公式分析数据需要一定技巧，熟练掌握输入和编辑公式的技巧可以大大提高分析数据的效率，输入和编辑公式的操作步骤如下：

1.输入公式

如前文所述，公式包含运算符、函数、常量、单元格引用等多种元素，且都是以“=”开始，然后再输入其他内容，公式输入完毕后按下【Enter】键即可得出结果。以在“小组均分评定表”中计算各小组平均分为例，操作步骤如下：

1 打开“小组均分评定表”，选中G3单元格，在单元格或编辑栏中输入公

式“=IF(AVERAGE(B3:F3)>=80,″优秀″,″一般″)”。此公式的作用是求出引用区域单元格的平均值，并根据平均值是否大于等于80分，在所在单元格中输出“优秀”或“一般”两个字。如图6–2所示。

SUMIF　=IF(AVERAGE(B3:F3)>=80,"优秀","一般")　②

	A	B	C	D	E	F	G
1	组员 / 组别	组员1	组员2	组员3	组员4	组员5	评定结果
2		分数（满分100，85分以上为优秀，80分以下为一般）					
3	1组	90	79	81	88	76	","一般") ①
4	2组	70	81	86	84	66	
5	3组	85	68	86	93	84	
6	4组	65	80	78	89	75	
7	5组	81	87	80	86	66	
8	6组	81	90	91	84	77	
9							

图 6–2

2 按下【Enter】键，得出计算结果为“优秀”，如图6–3所示。

	A	B	C	D	E	F	G
1	组员 / 组别	组员1	组员2	组员3	组员4	组员5	评定结果
2		分数（满分100，85分以上为优秀，80分以下为一般）					
3	1组	90	79	81	88	76	优秀
4	2组	70	81	86	84	66	
5	3组	85	68	86	93	84	
6	4组	65	80	78	89	75	
7	5组	81	87	80	86	66	
8	6组	81	90	91	84	77	
9							

图 6–3

3 如果想要计算“评定结果”一列中其他组别的结果，不必再单独输入公式，可以灵活运用自动填充功能。选中G3单元格，将光标放在单元格右下角，当光标变成【+】形状时，按住鼠标左键并向下拖动如图6–4所示。

4 拖动到同列最后一个单元格后松开鼠标，鼠标拖动过的单元格都被自动填充了公式并且自动得出了计算结果，如图6–5所示。

G3　=IF(AVERAGE(B3:F3)>=80,"优秀","一般")

	A	B	C	D	E	F	G	H
1	组员 / 组别	组员1	组员2	组员3	组员4	组员5	评定结果	
2		分数（满分100，85分以上为优秀，80分以下为一般）						
3	1组	90	79	81	88	76	优秀	
4	2组	70	81	86	84	66		
5	3组	85	68	86	93	84		
6	4组	65	80	78	89	75		
7	5组	81	87	80	86	66		
8	6组	81	90	91	84	77		
9								
10								

图 6–4

I15

	A	B	C	D	E	F	G	H
1	组员 / 组别	组员1	组员2	组员3	组员4	组员5	评定结果	
2		分数（满分100，85分以上为优秀，80分以下为一般）						
3	1组	90	79	81	88	76	优秀	
4	2组	70	81	86	84	66	一般	
5	3组	85	68	86	93	84	优秀	
6	4组	65	80	78	89	75	一般	
7	5组	95	87	80	86	66	优秀	
8	6组	81	90	91	84	77	优秀	
9								

图 6–5

2.编辑公式

在编写公式后，经常需要对其进行修改或补充编辑，编辑公式有多种方法，具体方法如下：选中公式所在的单元格，将光标定位到上方的编辑栏中对公式进行编辑，或者按【F2】键也可以进入公式编辑状态；也可以用鼠标左键双击公式所在的单元格，进入公式编辑状态。

由于 WPS 表格中的单元格和编辑栏都比较小，因此在单元格或编辑栏中编写或修改公式时容易发生错误，因此最好先将公式复制到记事本或其他文本编辑器中进行修改，然后再将其粘贴到 WPS 表格中，以免发生错误。

6.1.3 单元格引用

单元格引用指的是在公式中引用一个单元格的值。单元格引用的格式为单元格的列字母和行数的组合，例如 A1 表示第 1 列第 1 行的单元格，B2 表示第 2 列第 2 行的单元格。单元格引用有 3 种形式，分别是相对引用、绝对引用以及混合引用。

1.相对引用

相对引用表示相对于公式所在单元格的相对位置，是 WPS 表格最常用的引用方式。使用相对引用时，公式中的单元格会随着公式的移动而自动变化。举例说明如下：

1. 在A1单元格中输入数值“666”，在C4单元格中输入公式“=A1”，如图6–6所示。

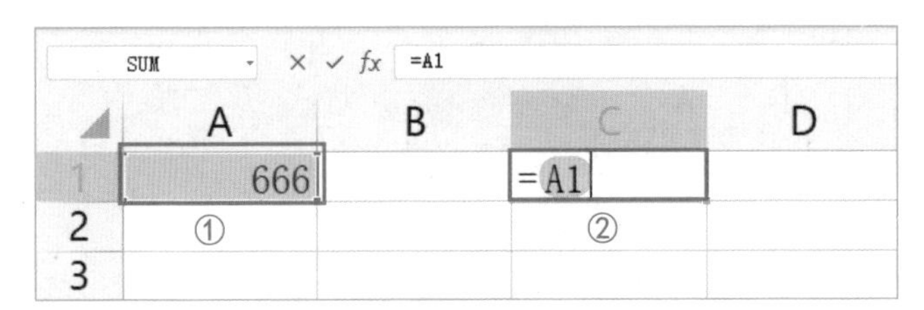

图 6–6

2. 按下【Enter】键，可以看到C4单元格中出现了数值“666”，如图6–7所示。

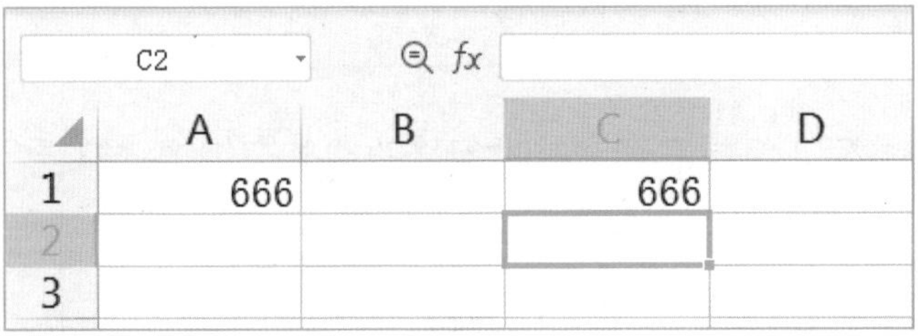

图 6–7

3. 此时，无论如何修改A1单元格中的内容，C4单元格中都会变为相同的内容，如将A1单元格中的数值改为“534”，C4单元格中的数值也变成了“534”，如图6–8所示。

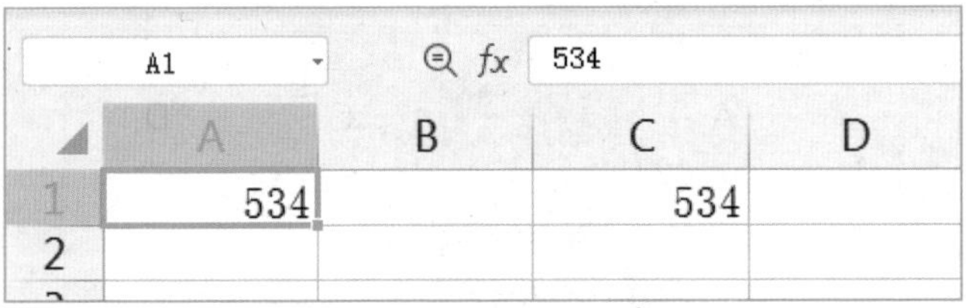

图 6–8

2.绝对引用

单元格地址是由行号和列标组成的。在使用绝对引用时，需要在被引用的行号和列标前加绝对值符号“$”，表示该单元格的绝对地址。使用绝对引用时，该单元格的地址不会随公式的复制和移动而改变。举例说明如下：

1 在A1单元格中输入数值“123”，在B3单元格输入公式“=$A$1”，如图6-9所示。

	A	B	C	D
1	123			
2	①			
3		=$A$1		
4		②		
5				

图 6-9

2 按【Enter】键，可以看到B3单元格中出现了数值“123”，如图6-10所示。

	A	B	C	D
1	123			
2				
3		123		
4				
5				

图 6-10

3 此时，无论公式被复制或移动到任何位置，公式中引用的单元格地址都会保持不变，如图6-11所示。

	A	B	C	D
1	123			
2				
3		123	移动	
4	123	复制		
5				

图 6-11

3.混合引用

混合引用是相对引用和绝对引用的混合，单元格地址只在行号或列标前面添加绝对值符号“$”，表示该单元格的行号或列标为绝对地址，另一个则是相对地址，公式发生移动时，所引用的单元格只有绝对地址不会发生变化。举例说明如下：

1. 在A列中输入一列数值，在C1单元格中输入公式“=$A1”，如图6-12所示。
2. 按【Enter】键，可以看到C1单元格中出现了数值“123”，表示C1单元格引用了A1单元格中的数值“123”，如图6-13所示。

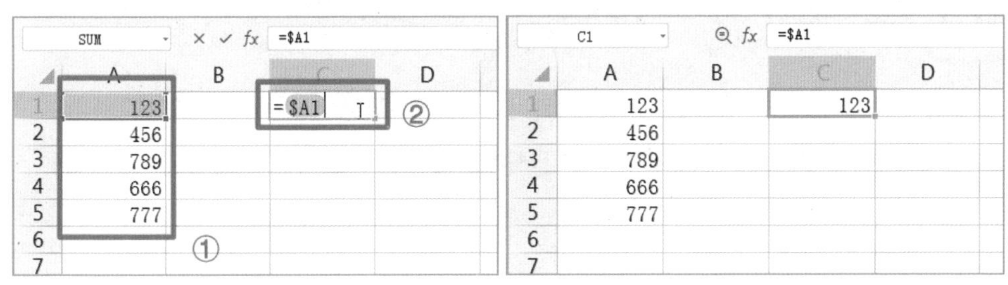

图 6-12　　　　图 6-13

3. 将鼠标指针放到C1单元格右下角，当鼠标指针变为【+】时，按住鼠标左键并向下拖动，使公式快速填充到下方的单元格中。松开鼠标左键，公式的填充结果如图6-14所示。
4. 单击选中C2单元格，可以看到编辑栏中C2单元格引用的公式变为“=$A2”，这是因为混合引用的公式中，列是绝对地址，行是相对地址，因此在C2单元格中引用的是A列第2行的数值，余下几行引用的分别是A3、A4及A5单元格中的数值，如图6-15所示。

图 6-14　　　　图 6-15

实用贴士

在使用绝对引用及混合引用时，需要在被引用的单元格的行号和列标之前加上符号“$”，频繁地输入“$”会很麻烦，此时只需要在单元格编辑状态下按【F4】键即可使单元格地址在相对引用、绝对引用、混合引用间快速切换，提高输入效率。在单元格编辑状态下，按1次【F4】键会变为绝对引用，按2次变为相对列、绝对行的混合引用，按3次变为绝对列和相对行的混合引用，按4次则变成相对引用。

6.2 使用函数计算数据

WPS具备公式和函数功能，两者在本质上并无区别。公式是简单的函数，函数是公式的拓展。公式是指对工作表数值进行计算的等式，也是使用函数的第一步。

6.2.1 认识函数

函数必须在公式中使用，所以函数结构以“=”开始，每个函数都是由函数名和参数组成的，其中，函数名定义将要执行的操作，而参数表示函数将要使用的值，通常是指一个单元格区域。

函数的类型与作用如表6-5所示：

表6-5

函数类型	作用
数学与三角函数	用来进行数学方面的计算
日期与时间函数	用来分析或操作公式中与日期和时间有关的值
统计函数	用来对一定范围内的数据进行统计分析
查找与引用函数	用来查找列表或表格中的指定值
逻辑函数	用来测试是否满足某个条件，并判断逻辑值
财务函数	用来进行有关财务方面的计算
文本函数	用来处理公式中的文本字符串

6.2.2 输入函数

WPS 表格中，有两种方法可以输入函数，分别是在编辑栏中输入和使用“插入函数”功能输入，下面分别进行讲解。

1.在编辑栏中输入

对于一些比较熟悉的函数，可以直接利用编辑栏进行函数的输入，操作步骤如下：

1 打开需要输入函数的表格，以“销售统计表”为例，选中需要输入函数的F3单元格，在编辑栏中输入“=SUM(B3:E3)”，如图6–16所示。

	A	B	C	D	E	F
1	5月销售明细表					
2	商品 序号	矿泉水	高钙奶	苏打水	功能饮料	总销售额
3	一月	¥6,800.00	¥4,500.00	¥3,100.00	¥2,150.00	=SUM(B3:E3)
4	二月	¥7,050.00	¥4,720.00	¥2,890.00	¥1,980.00	
5	三月	¥7,320.00	¥4,780.00	¥2,680.00	¥1,950.00	
6	四月	¥7,040.00	¥4,460.00	¥2,730.00	¥2,510.00	

图 6–16

2 按【Enter】键确认输入，系统自动执行函数操作，并将结果显示在F3单元格内，如图6–17所示。

	A	B	C	D	E	F
1	销售统计表					
2	商品 序号	矿泉水	高钙奶	苏打水	功能饮料	总销售额
3	一月	¥6,800.00	¥4,500.00	¥3,100.00	¥2,150.00	¥16,550.00
4	二月	¥7,050.00	¥4,720.00	¥2,890.00	¥1,980.00	
5	三月	¥7,320.00	¥4,780.00	¥2,680.00	¥1,950.00	
6	四月	¥7,040.00	¥4,460.00	¥2,730.00	¥2,510.00	

图 6–17

3 如果需要计算更多结果，不必反复输入函数，只需利用自动填充功能即可。将鼠标指针移动到F3单元格的右下角，当光标变为【＋】时，按住鼠标左键并向下拖动，拖动到表格末尾时松开鼠标左键即可快速完成计算，结果如图6-18所示。

F3 =SUM(B3:E3)

序号 \ 商品	矿泉水	高钙奶	苏打水	功能饮料	总销售额
一月	¥6,800.00	¥4,500.00	¥3,100.00	¥2,150.00	¥16,550.00
二月	¥7,050.00	¥4,720.00	¥2,890.00	¥1,980.00	¥16,640.00
三月	¥7,320.00	¥4,780.00	¥2,680.00	¥1,950.00	¥16,730.00
四月	¥7,040.00	¥4,460.00	¥2,730.00	¥2,510.00	¥16,740.00
五月	¥7,210.00	¥4,560.00	¥2,780.00	¥2,360.00	¥16,910.00

图 6-18

2.使用“插入函数”功能输入

对那些较为模糊的函数，则可以通过“插入函数”功能输入，操作步骤如下：

1 打开需要输入函数的表格，以“销售统计表”为例，选中需要输入函数的单元格，这里选中F3单元格，在【公式】选项卡下，单击【插入函数】按钮，如图6-19所示。

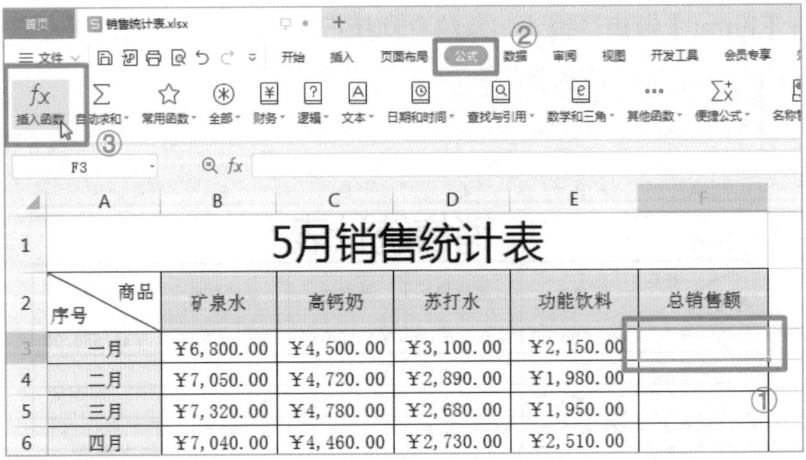

5月销售统计表

序号 \ 商品	矿泉水	高钙奶	苏打水	功能饮料	总销售额
一月	¥6,800.00	¥4,500.00	¥3,100.00	¥2,150.00	
二月	¥7,050.00	¥4,720.00	¥2,890.00	¥1,980.00	
三月	¥7,320.00	¥4,780.00	¥2,680.00	¥1,950.00	
四月	¥7,040.00	¥4,460.00	¥2,730.00	¥2,510.00	

图 6-19

2 弹出【插入函数】对话框，在【选择函数】列表框中选择需要的函数，这里选择【SUM】选项，单击【确定】按钮，如图6-20所示。

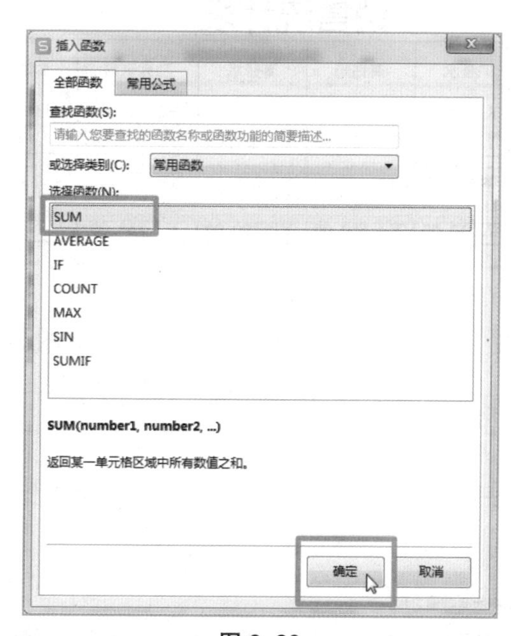

图 6-20

3 弹出【函数参数】对话框，单击【数值1】文本框右侧的【 】按钮，如图6-21所示。

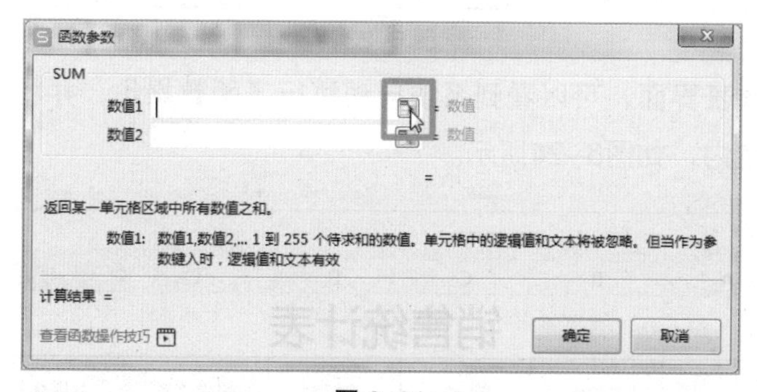

图 6-21

4 【函数参数】对话框被压缩，显示出工作表，用鼠标指针选择需要计算的单元格或单元格区域，这里选择B3:E3单元格区域，单击压缩对话框中的【 】按钮，如图6-22所示。

SUM
=SUM(B3:E3)
销售统计表
商品
序号
矿泉水
高钙奶
苏打水
功能饮料
总销售额
一月
¥6,800.00
¥4,500.00
¥3,100.00
¥2,150.00
=SUM(B3:E3)
二月
¥7,050.00
¥4,720.00
¥2,890.00
¥1,980.00
三月
四月
函数参数
B3:E3
五月
¥7,210.00
¥4,560.00
¥2,780.00
¥2,360.00
①
②

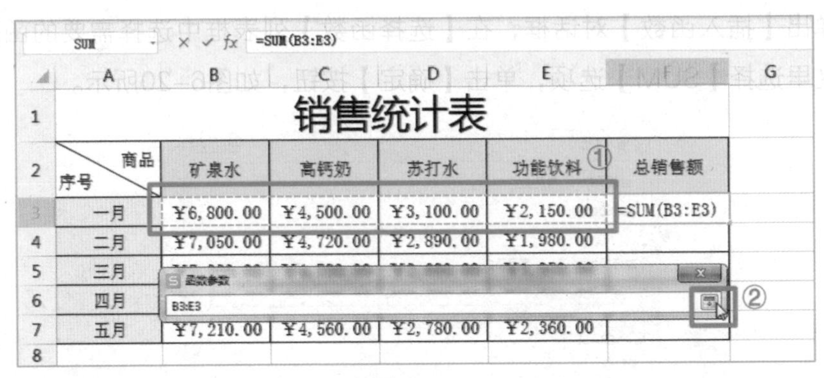

图 6-22

5 返回【函数参数】对话框，单击【确定】按钮，如图6-23所示。

函数参数
SUM
数值1 B3:E3
= {6800,4500,3100,2150}
数值2
= 数值
= 16550
返回某一单元格区域中所有数值之和。
数值1: 数值1,数值2,... 1 到 255 个待求和的数值。单元格中的逻辑值和文本将被忽略。但当作为参数键入时，逻辑值和文本有效
计算结果 = 16550
有关该函数的帮助(H)
确定
取消

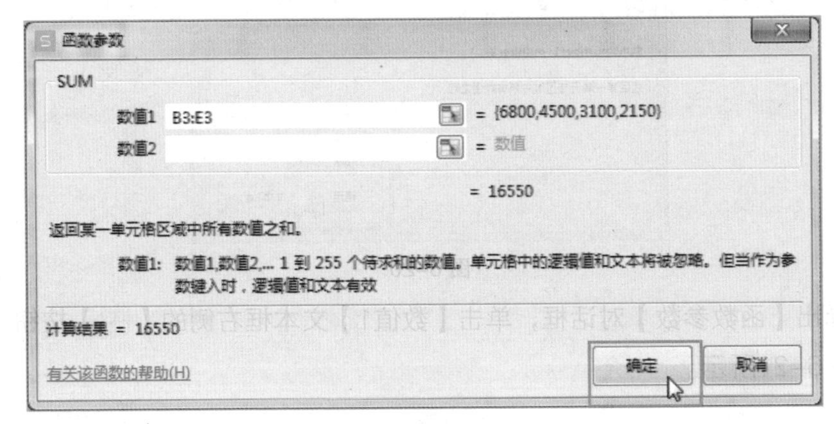

图 6-23

6 返回工作表界面，可以看到系统自动执行了函数操作，并将结果显示在F3单元格内，如图6-24所示。

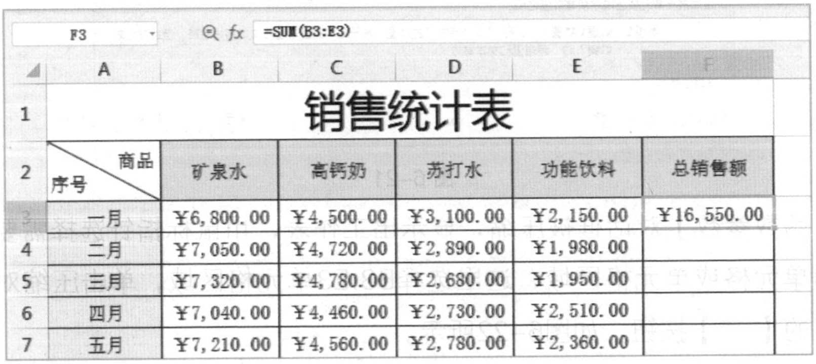

F3
=SUM(B3:E3)
销售统计表
商品
序号
矿泉水
高钙奶
苏打水
功能饮料
总销售额
一月 ¥6,800.00 ¥4,500.00 ¥3,100.00 ¥2,150.00 ¥16,550.00
二月 ¥7,050.00 ¥4,720.00 ¥2,890.00 ¥1,980.00
三月 ¥7,320.00 ¥4,780.00 ¥2,680.00 ¥1,950.00
四月 ¥7,040.00 ¥4,460.00 ¥2,730.00 ¥2,510.00
五月 ¥7,210.00 ¥4,560.00 ¥2,780.00 ¥2,360.00

图 6-24

在 WPS 表格中，编辑公式时必须使用英文双引号，如果使用中文双引号系统会无法正常计算结果。这是因为英文双引号是计算机编程语言中的标准符号，因此 WPS 表格也采用了这种符号作为公式中字符串的表示方法。并且使用英文双引号还可以避免在不同语言环境下出现的兼容性问题。因此在编辑公式时最好使用英文半角输入法。

6.2.3 使用嵌套函数

一个函数表达式可以包含一个或者多个函数，函数与函数可以嵌套在一起。括号内的函数作为括号外函数的一个参数，这样的函数就被称为嵌套函数。日常的办公应用中，嵌套函数也被经常用到，比如说评定某一组学生的成绩水平，就可以用嵌套函数。使用嵌套函数的操作步骤如下：

1 打开需要使用嵌套函数的表格，以“小组成绩评定表”为例，选中G3单元格，在编辑栏中输入“=IF(AVERAGE(B3:F3)>=7,"优秀","良好")”，如图6-25所示。

SUM　=IF(AVERAGE(B3:F3)>=7,"优秀","良好")

	A	B	C	D	E	F	G
1	组员 组别	组员1	组员2	组员3	组员4	组员5	评定结果
2		分数（满分100，85分以上为优秀，80分以下为一般）					
3	1组	90	79	81	88	76	=IF(AVERAGE(B3:F3)>=7,"优秀","良好")
4	2组	70	81	86	84	66	
5	3组	85	68	86	93	84	
6	4组	65	80	78	89	75	
7	5组	95	87	80	86	66	
8	6组	81	90	91	84	77	
9							

图 6-25

2 按【Enter】键确认输入，计算结果已显示在G3单元格中，如图6-26所示。

G4   fx

组员 / 组别	组员1	组员2	组员3	组员4	组员5	评定结果
	分数（满分100，85分以上为优秀，80分以下为一般）					
1组	90	79	81	88	76	优秀
2组	70	81	86	84	66	
3组	85	68	86	93	84	
4组	65	80	78	89	75	
5组	95	87	80	86	66	
6组	81	90	91	84	77	

图 6-26

3 如果需要计算更多结果，同样可以利用自动填充功能。将鼠标指针移动到G3单元格的右下角，当光标变为【＋】时，按住鼠标左键并向下拖动，拖动到表格末尾时松开鼠标即可快速完成计算，结果如图6-27所示。

G3   fx =IF(AVERAGE(B3:F3)>=7,"优秀","良好")

组员 / 组别	组员1	组员2	组员3	组员4	组员5	评定结果
	分数（满分100，85分以上为优秀，80分以下为一般）					
1组	90	79	81	88	76	优秀
2组	70	81	86	84	66	优秀
3组	85	68	86	93	84	优秀
4组	65	80	78	89	75	优秀
5组	95	87	80	86	66	优秀
6组	81	90	91	84	77	优秀

图 6-27

6.3 常用函数的使用

WPS 表格中有很多函数，比如求和函数、统计函数、逻辑函数等，用户在日常办公中可以根据不同的需求选择不同的函数来提高工作效率，本节将对几种常用函数的使用方法进行举例说明。

6.3.1 SUM函数

在 WPS 表格中，SUM 函数是一个常用的数学函数，用于计算一组数值的总和。其语法结构为：

SUM(number1,number2,⋯)

其中，参数 number1,number2,⋯等表示要求和的数值，可以是单个数值、单个单元格、一组单元格、数值表达式等。例如，SUM(A1:A10) 表示对 A1 到 A10 单元格中的值求和，SUM(1,2,3) 表示对 1、2、3 三个数值求和。在使用 SUM 函数时，需要注意数据范围的选择，确保包含了所有需要求和的数据。

使用 SUM 函数的操作步骤如下：

1 打开需要求和的表格，以“收款明细表”为例，选中I4单元格，在编辑栏中输入“=SUM(D4:H4)”，如图6–28所示。

收款明细表

单位名称：					负责人：			
	日期	客户名称	收款项目1	收款项目2	收款项目3	收款项目4	收款项目5	总计
1		董卓	¥50,148.00	¥75,056.00	¥930,224.00	¥60,785.00	¥45,000.00	=SUM(D4:H4)
2		袁绍	¥14,890.00	¥16,852.00	¥26,542.00	¥35,213.00	¥21,584.00	
3		马腾	¥15,681.00	¥68,546.00	¥25,156.00	¥33,874.00	¥18,741.00	
4		曹操	¥168,411.00	¥73,518.00	¥24,589.00	¥33,847.00	¥35,410.00	
5		刘备	¥87,416.00	¥21,546.00	¥35,671.00	¥146,151.00	¥32,169.00	
6		孙权	¥16,511.00	¥21,648.00	¥91,345.00	¥78,212.00	¥100,000.00	
7		张角	¥26,513.00	¥99,999.00	¥54,174.00	¥16,511.00	¥141,651.00	

图 6–28

2 按【Enter】键确认输入，效果如图6–29所示。

收款明细表

单位名称：					负责人：			
	日期	客户名称	收款项目1	收款项目2	收款项目3	收款项目4	收款项目5	总计
1		董卓	¥50,148.00	¥75,056.00	¥930,224.00	¥60,785.00	¥45,000.00	¥1,161,213.00
2		袁绍	¥14,890.00	¥16,852.00	¥26,542.00	¥35,213.00	¥21,584.00	
3		马腾	¥15,681.00	¥68,546.00	¥25,156.00	¥33,874.00	¥18,741.00	
4		曹操	¥168,411.00	¥73,518.00	¥24,589.00	¥33,847.00	¥35,410.00	
5		刘备	¥87,416.00	¥21,546.00	¥35,671.00	¥146,151.00	¥32,169.00	
6		孙权	¥16,511.00	¥21,648.00	¥91,345.00	¥78,212.00	¥100,000.00	
7		张角	¥26,513.00	¥99,999.00	¥54,174.00	¥16,511.00	¥141,651.00	
8		刘璋	¥16,812.00	¥59,775.00	¥32,451.00	¥10,564.00	¥20,171.00	
9		公孙瓒	¥85,231.00	¥33,145.00	¥451,510.00	¥15,789.00	¥89,411.00	
10		刘表	¥45,213.00	¥22,121.00	¥48,145.00	¥26,356.00	¥34,516.00	

图 6–29

3 如果需要计算更多结果，可以利用自动填充功能。将鼠标指针移动到I4单元格的右下角，当光标变为【＋】时，按住鼠标左键并向下拖动，拖动到表格末尾时松开鼠标即可快速完成计算，结果如图6–30所示。

I4 =SUM(D4:H4)

收款明细表								
单位名称：				负责人：				
	日期	客户名称	收款项目1	收款项目2	收款项目3	收款项目4	收款项目5	总计
1		董卓	¥50,148.00	¥75,056.00	¥930,224.00	¥60,785.00	¥45,000.00	¥1,161,213.00
2		袁绍	¥14,890.00	¥16,852.00	¥26,542.00	¥35,213.00	¥21,584.00	¥115,081.00
3		马腾	¥15,681.00	¥68,546.00	¥25,156.00	¥33,874.00	¥18,741.00	¥161,998.00
4		曹操	¥168,411.00	¥73,518.00	¥24,589.00	¥33,847.00	¥35,410.00	¥335,775.00
5		刘备	¥87,416.00	¥21,546.00	¥35,671.00	¥146,151.00	¥32,169.00	¥322,953.00
6		孙权	¥16,511.00	¥21,648.00	¥91,345.00	¥78,212.00	¥100,000.00	¥307,716.00
7		张角	¥26,513.00	¥99,999.00	¥54,174.00	¥16,511.00	¥141,651.00	¥338,848.00
8		刘璋	¥16,812.00	¥59,775.00	¥32,451.00	¥10,564.00	¥20,171.00	¥139,773.00
9		公孙瓒	¥85,231.00	¥33,145.00	¥451,510.00	¥15,789.00	¥89,411.00	¥675,086.00
10		刘表	¥45,213.00	¥22,121.00	¥48,145.00	¥26,356.00	¥34,516.00	¥176,351.00

图 6–30

6.3.2 AVERAGE函数

在 WPS 表格中，AVERAGE 函数是一个用于计算一组数值的平均值的函数。其语法结构为：

AVERAGE(number1,number2,…)

其中，参数 number1,number2,… 等表示要计算平均值的数值，可以是单个数值、单个单元格、一组单元格、数值表达式等。例如，AVERAGE(A1:A10) 表示对 A1 到 A10 单元格中的值求平均值，AVERAGE(1,2,3) 表示对 1、2、3 三个数值求平均值。

在使用 AVERAGE 函数时，需要注意数据范围的选择，确保包含了所有需要计算平均值的数据，并且数据范围中不能包含文本或空单元格，否则系统会提示出现错误。

使用 AVERAGE 函数的操作步骤如下：

1. 打开需要计算平均值的表格，以“收款明细表”为例，选中J4单元格，在编辑栏中输入“=AVERAGE(C4:I4)”，如图6–31所示。

SUMIF　=AVERAGE(C4:I4)

收款明细表

单位名称：　负责人：

	日期	客户名称	收款项目1	收款项目2	收款项目3	收款项目4	收款项目5	总计	平均值
1		董卓	¥50,148.00	¥75,056.00	¥930,224.00	¥60,785.00	¥45,000.00	¥1,1 =AVERAGE(C4:I4)	
2		袁绍	¥14,890.00	¥16,852.00	¥26,542.00	¥35,213.00	¥21,584.00	¥115,081.00	
3		马腾	¥15,681.00	¥68,546.00	¥25,156.00	¥33,874.00	¥18,741.00	¥161,998.00	
4		曹操	¥168,411.00	¥73,518.00	¥24,589.00	¥33,847.00	¥35,410.00	¥335,775.00	
5		刘备	¥87,416.00	¥21,546.00	¥35,671.00	¥146,151.00	¥32,169.00	¥322,953.00	
6		孙权	¥16,511.00	¥21,648.00	¥91,345.00	¥78,212.00	¥100,000.00	¥307,716.00	
7		张角	¥26,513.00	¥99,999.00	¥54,174.00	¥16,511.00	¥141,651.00	¥338,848.00	
8		刘璋	¥16,812.00	¥59,775.00	¥32,451.00	¥10,564.00	¥20,171.00	¥139,773.00	
9		公孙瓒	¥85,231.00	¥33,145.00	¥451,510.00	¥15,789.00	¥89,411.00	¥675,086.00	
10		刘表	¥45,213.00	¥22,121.00	¥48,145.00	¥26,356.00	¥34,516.00	¥176,351.00	

图 6-31

2 按【Enter】键确认输入，在J4单元格内显示出结果，如图6-32所示。

J4　=AVERAGE(D4:I4)

收款明细表

单位名称：　负责人：

	日期	客户名称	收款项目1	收款项目2	收款项目3	收款项目4	收款项目5	总计	平均值
1		董卓	¥50,148.00	¥75,056.00	¥930,224.00	¥60,785.00	¥45,000.00	¥1,161,213.00	¥387,071.00
2		袁绍	¥14,890.00	¥16,852.00	¥26,542.00	¥35,213.00	¥21,584.00	¥115,081.00	
3		马腾	¥15,681.00	¥68,546.00	¥25,156.00	¥33,874.00	¥18,741.00	¥161,998.00	
4		曹操	¥168,411.00	¥73,518.00	¥24,589.00	¥33,847.00	¥35,410.00	¥335,775.00	
5		刘备	¥87,416.00	¥21,546.00	¥35,671.00	¥146,151.00	¥32,169.00	¥322,953.00	
6		孙权	¥16,511.00	¥21,648.00	¥91,345.00	¥78,212.00	¥100,000.00	¥307,716.00	
7		张角	¥26,513.00	¥99,999.00	¥54,174.00	¥16,511.00	¥141,651.00	¥338,848.00	
8		刘璋	¥16,812.00	¥59,775.00	¥32,451.00	¥10,564.00	¥20,171.00	¥139,773.00	
9		公孙瓒	¥85,231.00	¥33,145.00	¥451,510.00	¥15,789.00	¥89,411.00	¥675,086.00	
10		刘表	¥45,213.00	¥22,121.00	¥48,145.00	¥26,356.00	¥34,516.00	¥176,351.00	

图 6-32

3 利用自动填充功能将复制公式到J13单元格，最后效果如图6-33所示。

J13　=AVERAGE(D13:I13)

收款明细表

单位名称：　负责人：

	日期	客户名称	收款项目1	收款项目2	收款项目3	收款项目4	收款项目5	总计	平均值
1		董卓	¥50,148.00	¥75,056.00	¥930,224.00	¥60,785.00	¥45,000.00	¥1,161,213.00	¥387,071.00
2		袁绍	¥14,890.00	¥16,852.00	¥26,542.00	¥35,213.00	¥21,584.00	¥115,081.00	¥38,360.33
3		马腾	¥15,681.00	¥68,546.00	¥25,156.00	¥33,874.00	¥18,741.00	¥161,998.00	¥53,999.33
4		曹操	¥168,411.00	¥73,518.00	¥24,589.00	¥33,847.00	¥35,410.00	¥335,775.00	¥111,925.00
5		刘备	¥87,416.00	¥21,546.00	¥35,671.00	¥146,151.00	¥32,169.00	¥322,953.00	¥107,651.00
6		孙权	¥16,511.00	¥21,648.00	¥91,345.00	¥78,212.00	¥100,000.00	¥307,716.00	¥102,572.00
7		张角	¥26,513.00	¥99,999.00	¥54,174.00	¥16,511.00	¥141,651.00	¥338,848.00	¥112,949.33
8		刘璋	¥16,812.00	¥59,775.00	¥32,451.00	¥10,564.00	¥20,171.00	¥139,773.00	¥46,591.00
9		公孙瓒	¥85,231.00	¥33,145.00	¥451,510.00	¥15,789.00	¥89,411.00	¥675,086.00	¥225,028.67
10		刘表	¥45,213.00	¥22,121.00	¥48,145.00	¥26,356.00	¥34,516.00	¥176,351.00	¥58,783.67

图 6-33

6.3.3 MAX函数和MIN函数

1.MAX函数

在 WPS 表格中，MAX 函数用于求出一组数据中的最大值。其语法结构为：

MAX(number1,number2,…)

其中，参数 number1,number2,…等为要比较大小的数值，可以是单独的数值或者数值所在的单元格。

MAX 函数在实际的工作中可以用来求一组数据中的最大值。例如，想要求出 A1、A2、A3 三个单元格中的最大值，可以使用公式“=MAX(A1:A3)”，该公式的含义是，求 A1、A2、A3 三个单元格中的最大值。

在使用 MAX 函数时，需要注意的是，如果其中一个数值为非数值，则该数值将被忽略。如果所有数值都不是数值，否则系统会提示出现错误。

使用 MAX 函数的操作步骤如下：

1 打开需要求出最大值的表格，以“收款明细表”为例，选中I15单元格，在编辑栏中输入“=MAX(D4:I13)”，如图6-34所示。

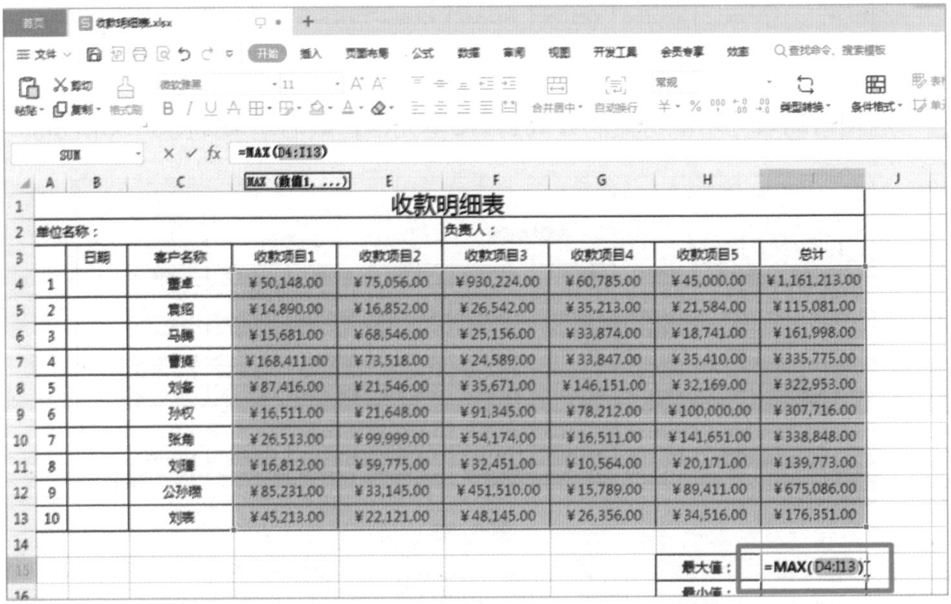

=MAX(D4:I13)

收款明细表

单位名称：　　负责人：

	日期	客户名称	收款项目1	收款项目2	收款项目3	收款项目4	收款项目5	总计
1		董卓	¥50,148.00	¥75,056.00	¥930,224.00	¥60,785.00	¥45,000.00	¥1,161,213.00
2		袁绍	¥14,890.00	¥16,852.00	¥26,542.00	¥35,213.00	¥21,584.00	¥115,081.00
3		马腾	¥15,681.00	¥68,546.00	¥25,156.00	¥33,874.00	¥18,741.00	¥161,998.00
4		曹操	¥168,411.00	¥73,518.00	¥24,589.00	¥33,847.00	¥35,410.00	¥335,775.00
5		刘备	¥87,416.00	¥21,546.00	¥35,671.00	¥146,151.00	¥32,169.00	¥322,953.00
6		孙权	¥16,511.00	¥21,648.00	¥91,345.00	¥78,212.00	¥100,000.00	¥307,716.00
7		张角	¥26,513.00	¥99,999.00	¥54,174.00	¥16,511.00	¥141,651.00	¥338,848.00
8		刘璋	¥16,812.00	¥59,775.00	¥32,451.00	¥10,564.00	¥20,171.00	¥139,773.00
9		公孙瓒	¥85,231.00	¥33,145.00	¥451,510.00	¥15,789.00	¥89,411.00	¥675,086.00
10		刘表	¥45,213.00	¥22,121.00	¥48,145.00	¥26,356.00	¥34,516.00	¥176,351.00

最大值：=MAX(D4:I13)

图 6-34

2 按【Enter】键确认输入，在I15单元格中显示出结果，如图6-35所示。

I16 fx

	A	B	C	D	E	F	G	H	I
1	收款明细表								
2	单位名称：					负责人：			
3		日期	客户名称	收款项目1	收款项目2	收款项目3	收款项目4	收款项目5	总计
4	1		董卓	¥50,148.00	¥75,056.00	¥930,224.00	¥60,785.00	¥45,000.00	¥1,161,213.00
5	2		袁绍	¥14,890.00	¥16,852.00	¥26,542.00	¥35,213.00	¥21,584.00	¥115,081.00
6	3		马腾	¥15,681.00	¥68,546.00	¥25,156.00	¥33,874.00	¥18,741.00	¥161,998.00
7	4		曹操	¥168,411.00	¥73,518.00	¥24,589.00	¥33,847.00	¥35,410.00	¥335,775.00
8	5		刘备	¥87,416.00	¥21,546.00	¥35,671.00	¥146,151.00	¥32,169.00	¥322,953.00
9	6		孙权	¥16,511.00	¥21,648.00	¥91,345.00	¥78,212.00	¥100,000.00	¥307,716.00
10	7		张角	¥26,513.00	¥99,999.00	¥54,174.00	¥16,511.00	¥141,651.00	¥338,848.00
11	8		刘璋	¥16,812.00	¥59,775.00	¥32,451.00	¥10,564.00	¥20,171.00	¥139,773.00
12	9		公孙瓒	¥85,231.00	¥33,145.00	¥451,510.00	¥15,789.00	¥89,411.00	¥675,086.00
13	10		刘表	¥45,213.00	¥22,121.00	¥48,145.00	¥26,356.00	¥34,516.00	¥176,351.00
14									
15								最大值：	¥1,161,213.00
16								最小值：	
17									

图 6-35

2.MIN函数

在 WPS 表格中，MIN 函数用于求一组数值中的最小值。其语法结构为：

MIN(number1,number2,…)

其中，参数 number1,number2,…为要比较大小的数值，可以是单独的数值或者数值所在的单元格。

MIN 函数在实际的工作中可以用来求一组数据中的最小值。例如，如果要求 A1、A2、A3 三个单元格中的最大值，可以使用公式“=MIN(A1:A3)”，该公式的含义是，求 A1、A2、A3 三个单元格中的最小值。

在使用 MIN 函数时，需要注意的是，如果函数中的参数中有非数值类型的数据，则会忽略这些非数值数据并返回数值中的最小值。

使用 MIN 函数的操作步骤如下：

1 打开求出最大值的表格，以“收款明细表”为例，选中I16单元格，在编辑栏中输入“=MIN(D4:I13)”，如图6-36所示。

SUM　×　✓　fx　=MIN(D4:I13)

	A	B	C	D	E	F	G	H	I	J
1	收款明细表									
2	单位名称：					负责人：				
3		日期	客户名称	收款项目1	收款项目2	收款项目3	收款项目4	收款项目5	总计	
4	1		董卓	¥50,148.00	¥75,056.00	¥930,224.00	¥60,785.00	¥45,000.00	¥1,161,213.00	
5	2		袁绍	¥14,890.00	¥16,852.00	¥26,542.00	¥35,213.00	¥21,584.00	¥115,081.00	
6	3		马腾	¥15,681.00	¥68,546.00	¥25,156.00	¥33,874.00	¥18,741.00	¥161,998.00	
7	4		曹操	¥168,411.00	¥73,518.00	¥24,589.00	¥33,847.00	¥35,410.00	¥335,775.00	
8	5		刘备	¥87,416.00	¥21,546.00	¥35,671.00	¥146,151.00	¥32,169.00	¥322,953.00	
9	6		孙权	¥16,511.00	¥21,648.00	¥91,345.00	¥78,212.00	¥100,000.00	¥307,716.00	
10	7		张角	¥26,513.00	¥99,999.00	¥54,174.00	¥16,511.00	¥141,651.00	¥338,848.00	
11	8		刘璋	¥16,812.00	¥59,775.00	¥32,451.00	¥10,564.00	¥20,171.00	¥139,773.00	
12	9		公孙瓒	¥85,231.00	¥33,145.00	¥451,510.00	¥15,789.00	¥89,411.00	¥675,086.00	
13	10		刘表	¥45,213.00	¥22,121.00	¥48,145.00	¥26,356.00	¥34,516.00	¥176,351.00	
14										
15								最大值：	¥1,161,213.00	
16								最小值：	=MIN(D4:I13)	
17										

图 6-36

2 按【Enter】键确认输入，在I15单元格中显示出结果，如图6-37所示。

L17　fx

	A	B	C	D	E	F	G	H	I	J
1	收款明细表									
2	单位名称：					负责人：				
3		日期	客户名称	收款项目1	收款项目2	收款项目3	收款项目4	收款项目5	总计	
4	1		董卓	¥50,148.00	¥75,056.00	¥930,224.00	¥60,785.00	¥45,000.00	¥1,161,213.00	
5	2		袁绍	¥14,890.00	¥16,852.00	¥26,542.00	¥35,213.00	¥21,584.00	¥115,081.00	
6	3		马腾	¥15,681.00	¥68,546.00	¥25,156.00	¥33,874.00	¥18,741.00	¥161,998.00	
7	4		曹操	¥168,411.00	¥73,518.00	¥24,589.00	¥33,847.00	¥35,410.00	¥335,775.00	
8	5		刘备	¥87,416.00	¥21,546.00	¥35,671.00	¥146,151.00	¥32,169.00	¥322,953.00	
9	6		孙权	¥16,511.00	¥21,648.00	¥91,345.00	¥78,212.00	¥100,000.00	¥307,716.00	
10	7		张角	¥26,513.00	¥99,999.00	¥54,174.00	¥16,511.00	¥141,651.00	¥338,848.00	
11	8		刘璋	¥16,812.00	¥59,775.00	¥32,451.00	¥10,564.00	¥20,171.00	¥139,773.00	
12	9		公孙瓒	¥85,231.00	¥33,145.00	¥451,510.00	¥15,789.00	¥89,411.00	¥675,086.00	
13	10		刘表	¥45,213.00	¥22,121.00	¥48,145.00	¥26,356.00	¥34,516.00	¥176,351.00	
14										
15								最大值：	¥1,161,213.00	
16								最小值：	¥10,564.00	
17										

图 6-37

在编写表格时经常会需要标注时间，利用函数可以快速输入当前日期与时间，提高工作效率。想要输入日期，可以在单元格中输入“=TODAY()”，按下【Enter】键即可显示当前日期；想要输入时间，在单元格中输入“=NOW()”，按下【Enter】键即可显示当前的时间。需要注意的是，这两个函数中不能输入参数，否则系统会提示出现错误。

Chapter

07

第 7 章

使用图表展示数据

WPS表格中的图表可以将数据可视化，以更直观的方式展示数据的比例、变化趋势等。通过使用图表，用户可以更轻松地分析和比较数据，以便更好地理解数据中的信息，并且可以用于演示和报告。通过学习本章，读者可以快速掌握如何用图表来展示数据。

学习要点：★认识图表的构成及分类

★学会创建与编辑图表

★掌握美化图表的几种方式

7.1 认识图表

图表是一种可视化工具，可以将数据以图形的方式呈现出来。WPS 表格中提供了多种类型的图表，如柱形图、折线图、饼图、散点图等，用户可以根据需要选择合适的图表类型，更加清晰地展示、分析和理解数据。下面介绍图表的构成元素以及图表的类型。

7.1.1 图表的构成元素

WPS 表格中，图表由各种图表元素组成，图表元素中，默认显示的主要有图表区、绘图区、数据系列、图表标题、坐标轴、网格线和图例等，如图 7–1 所示，图表元素含义见表 7–1 所示。

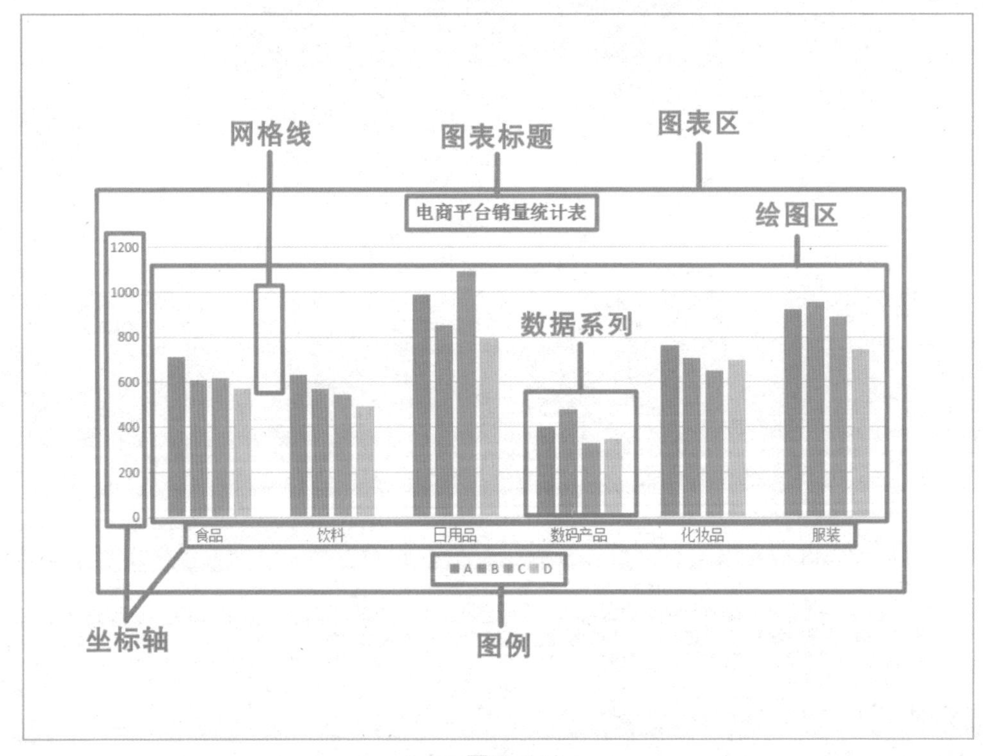

图 7–1

表 7-1

图表元素	含义
图表区	含整个图表的区域
绘图区	图表中的主要绘图区域，即数据系列所在的区域
数据系列	图表中的数据集合，通常由不同颜色或形状的数据点或线条表示
图表标题	图表的主题或名称，通常位于图表的顶部
坐标轴	用于标识数据的数值范围和刻度值，通常包括横轴和纵轴
网格线	用于比较数值大小的参考线，分别与 X 轴、Y 轴对应，有水平网格线和垂直网格线两种
图例	用于解释图表中的数据，通常位于图表的一侧或底部

7.1.2 图表的类型

WPS 表格中内置了大量的图表类型，不同图表类型可以用于呈现不同类型的数据、不同的分析以及演示目的。图表类型包括柱形图、折线图、饼图、条形图、组合图等。

1.柱形图

柱形图主要用于比较不同数据之间的大小差异。柱形图通常由一组垂直或水平的柱子组成，每个柱子的高度或长度表示相应数据的大小，如图 7-2 所示。

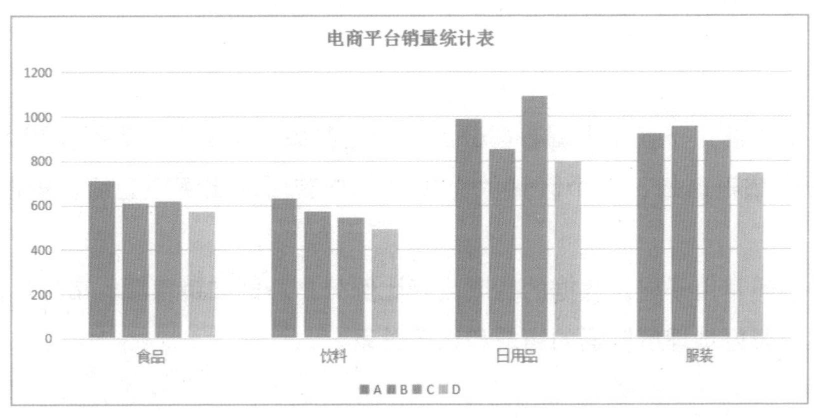

图 7-2

柱形图通常用于展示不同产品、地区、时间等因素之间的销售额、收益、利润等数据，以便用户对数据进行比较和分析。

2.折线图

折线图主要用于显示随时间、类别或其他变量而变化的趋势。它通过将数据点连接起来形成一条折线，使得数据的变化趋势更加直观和易于理解，如图 7–3 所示。

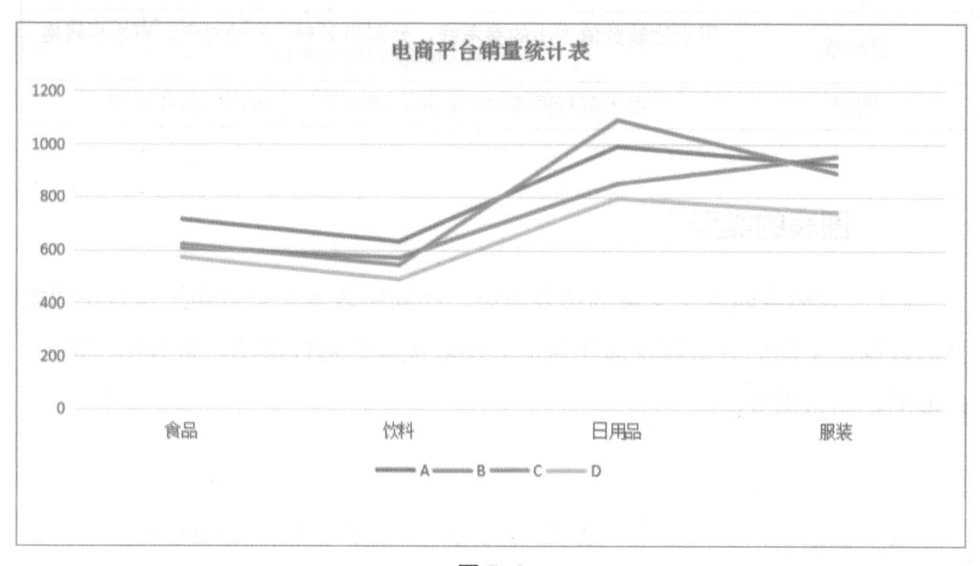

图 7–3

折线图通常用于显示时间序列数据或者连续的数据，例如股票价格、气温变化等，帮助用户更好地理解数据的趋势和变化规律。

3.饼图

饼图主要用于显示数据各部分之间的比例关系。饼图将数据按照比例分成若干个扇形区域，每个区域的面积大小与其所占比例成正比，如图 7–4 所示。

饼图通常用于显示数据的构成或者比例分布，例如销售额、市场份额等，帮助用户更好地理解数据的组成和比例关系。

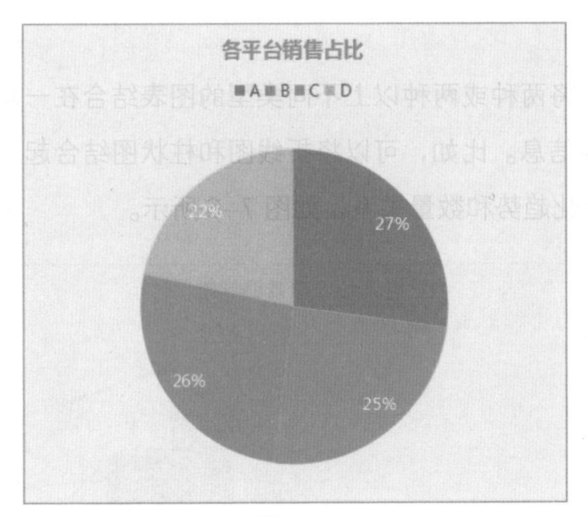

图 7–4

4.条形图

条形图主要用于比较不同类别之间的数据大小或数量。条形图将数据按照类别分成若干个条形，每个条形的长度或高度与其所代表的数据大小或数量成正比，如图 7–5 所示。

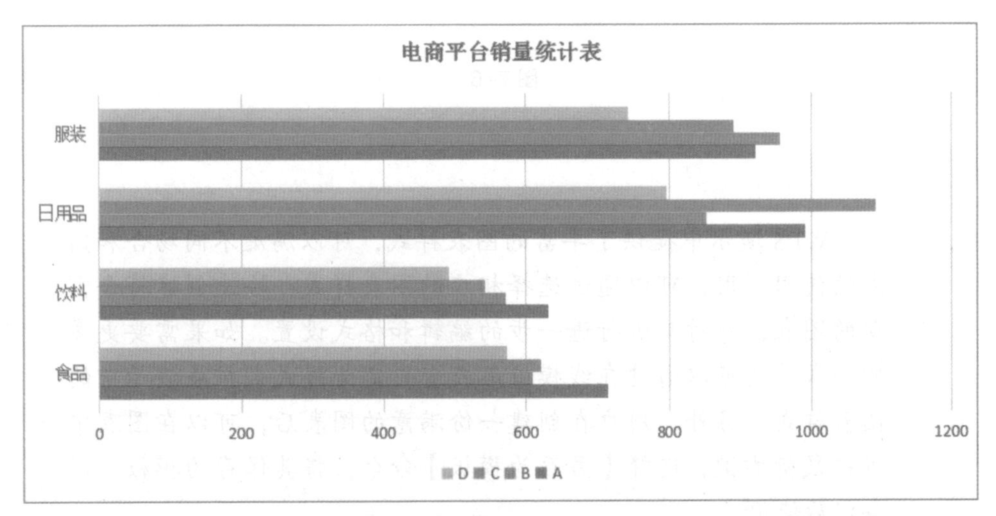

图 7–5

条形图通常用于显示分类数据，例如产品销售额、学科成绩等，可以帮助用户更好地比较不同类别之间的数据差异和趋势。

5.组合图

组合图是指将两种或两种以上不同类型的图表结合在一起，以便在一个图表中显示多种信息。比如，可以将折线图和柱状图结合起来，以便同时显示两组数据的变化趋势和数量关系，如图 7-6 所示。

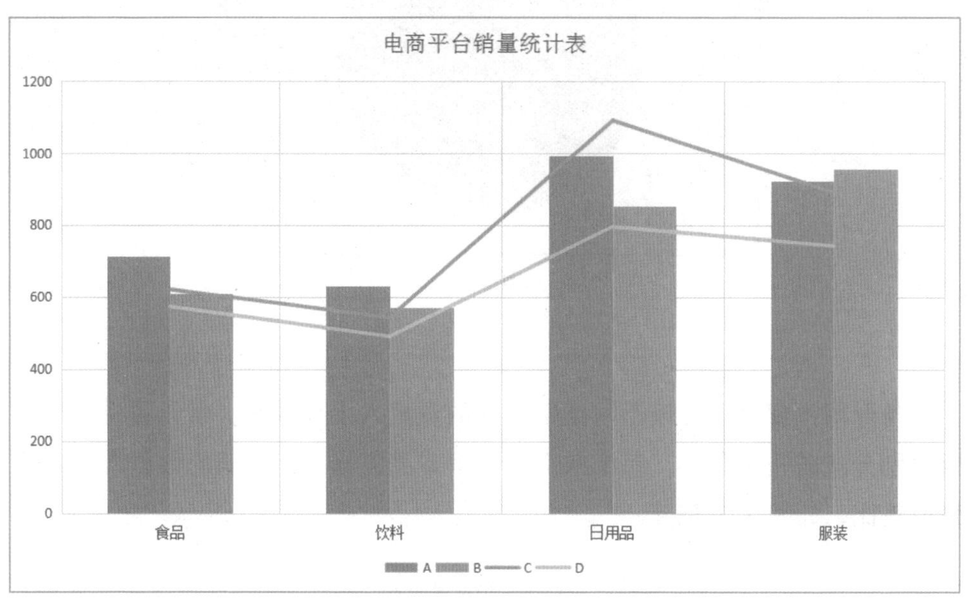

图 7-6

实用贴士

WPS 演示中提供了丰富的图表样式，可以满足不同场合和需求的使用。用户可以通过选择相应的图表样式，快速创建符合需要的图表，并对其进行进一步的编辑和格式设置。如果需要更多的样式，还可以通过在线模板库或者自定义样式来扩展演示中的图表样式。另外，用户在创建一份满意的图表后，可以在图表中单击鼠标右键，选择【另存为模板】命令，将其保存为模板，以备以后使用。

7.2 创建与编辑图表

一份精美、直观、详尽的图表不仅在视觉上有吸引力，还能有效传达信息、易于理解。学会利用 WPS 表格创建与编辑图表可以避免手动制作图表的繁琐过程，也可以免去手动修改及更新数据时带来的错误及麻烦。下面将介绍如何创建与编辑图表。

7.2.1 创建图表

1 打开需要创建图表的表格，以“电商平台销量统计表”为例，选中A3:G7单元格区域，在【插入】选项卡下，单击【全部图表】下拉按钮，在下拉列表中选择“全部图表”选项，如图7-7所示。

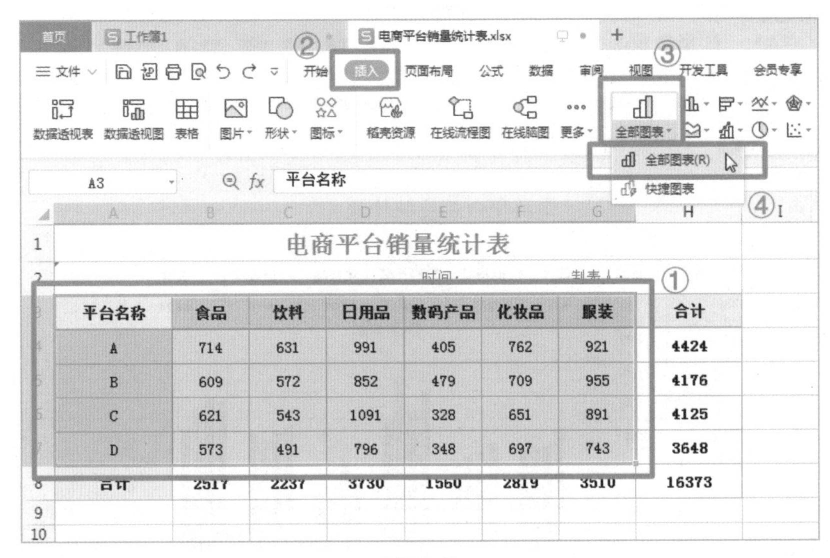

平台名称	食品	饮料	日用品	数码产品	化妆品	服装	合计
A	714	631	991	405	762	921	4424
B	609	572	852	479	709	955	4176
C	621	543	1091	328	651	891	4125
D	573	491	796	348	697	743	3648
合计	2517	2237	3730	1560	2819	3510	16373

图 7-7

2 弹出【图表】对话框，单击左侧的【柱形图】选项卡，在【簇状柱形图】选项组下浏览并选择合适的图标样式，然后单击该样式的缩略即可，如图7-8所示。

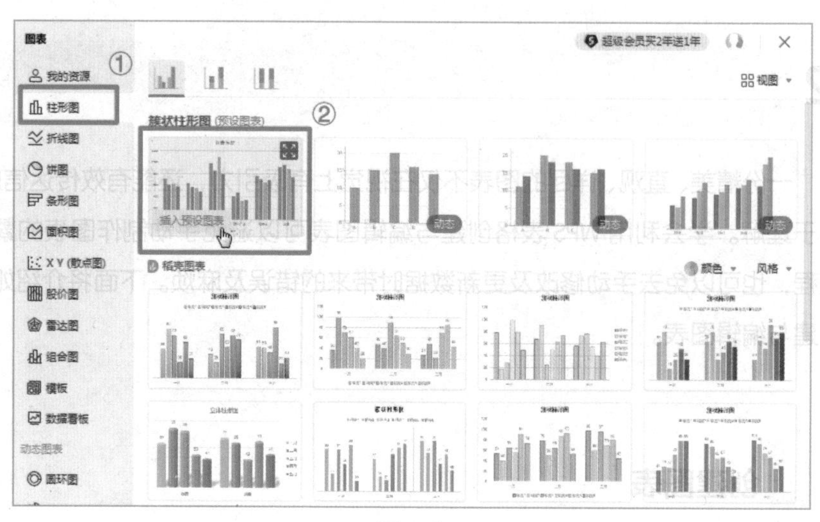

图 7-8

3 返回工作表界面，此时已经在工作表内创建了一个簇状柱形图，如图7-9所示。

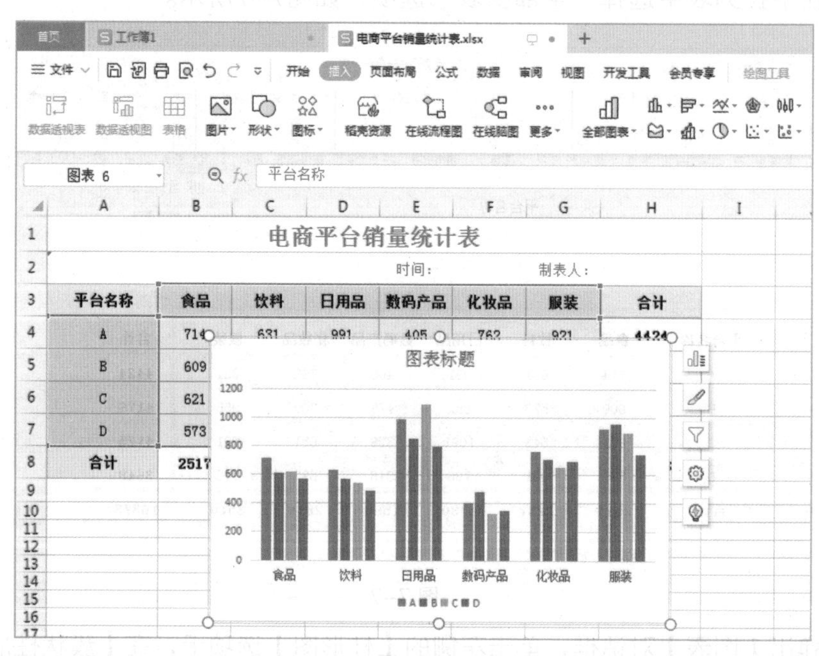

图 7-9

4 鼠标左键双击【图表标题】文本框，在文本框中将标题修改为“电商平台销量统计表”，如图7-10所示。

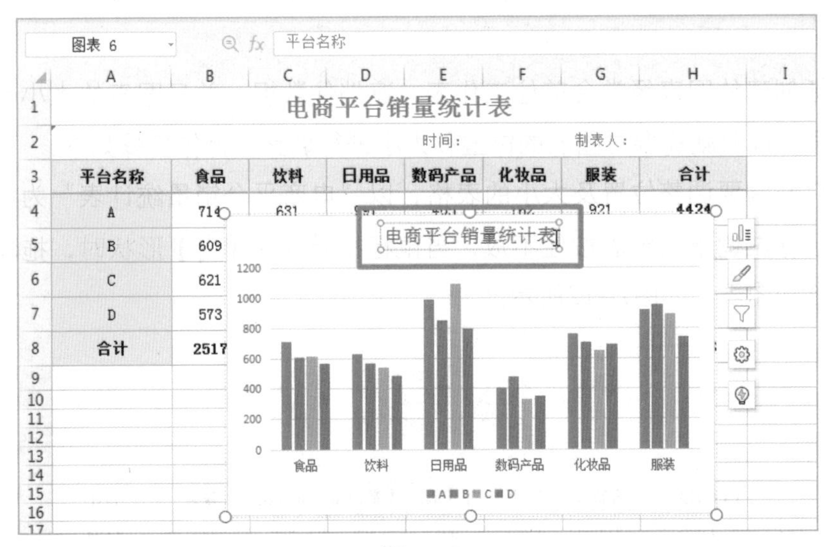

图 7-10

5 鼠标左键单击图表外的空白处，退出图表编辑状态，图表创建完成，如图7-11所示。

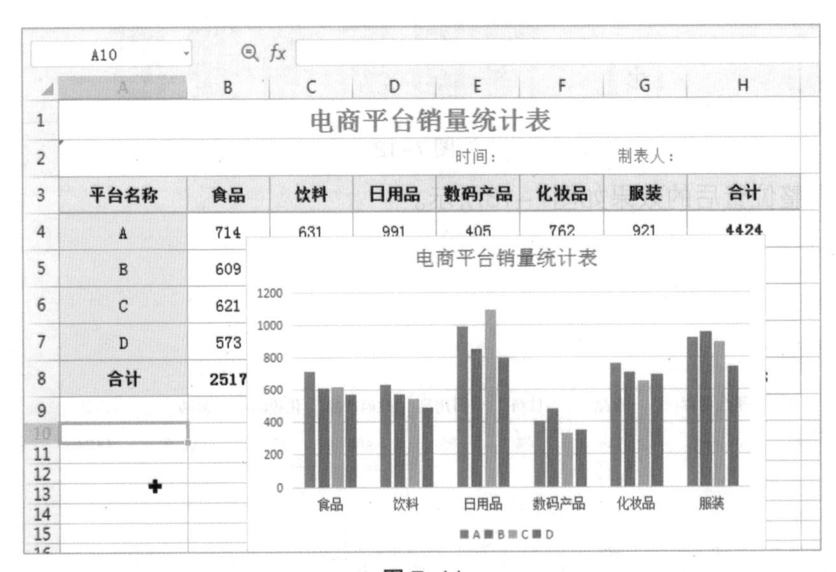

图 7-11

7.2.2 编辑图表

创建图表后，就可以编辑图表了，图表的编辑主要包括调整图表的位置和大小、更改图表数据源、更改图表类型以及切换行和列，下面分别进行讲解。

1.调整图表的位置和大小

新创建的图表经常会盖住工作表，遮挡住数据，并且图表的大小也不一定合适，此时就需要对图表的位置和大小进行调整，操作步骤如下：

1. 打开需要调整位置及大小的表格，以“电商平台销量统计表”为例，用鼠标左键单击图表按住不放，当鼠标指针变为【 】形状时，拖动鼠标移动图表，如图7-12所示。

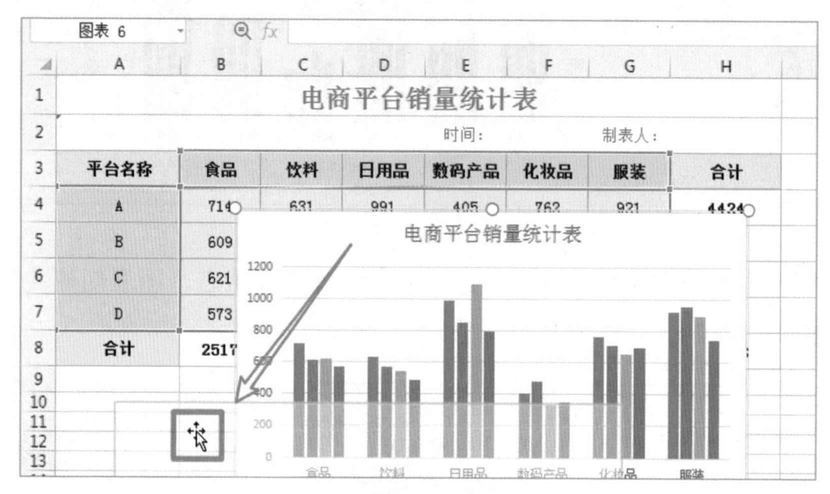

图 7-12

2. 调整位置后的效果如图7-13所示。

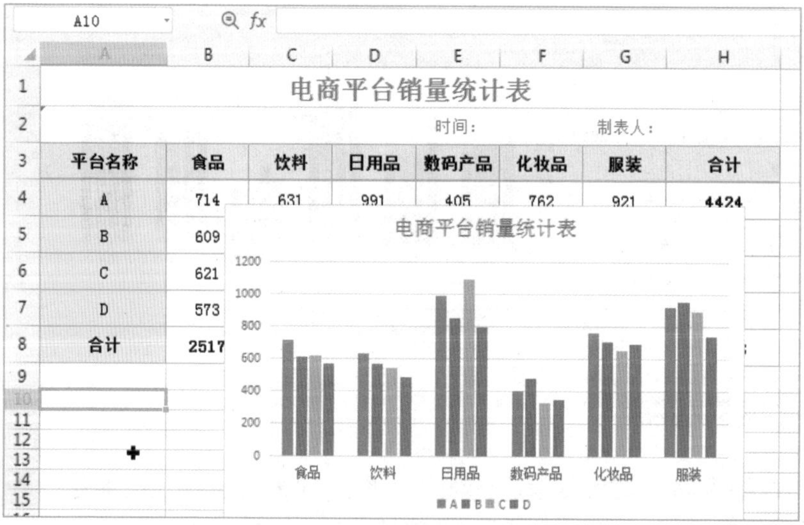

图 7-13

3 再次选中图表，可以发现在图表周围有6个控制点，将鼠标指针移到右下角控制点上，当鼠标变成【↘】形状时，按住鼠标左键不放，拖动鼠标即可调整图表大小，如图7–14所示。

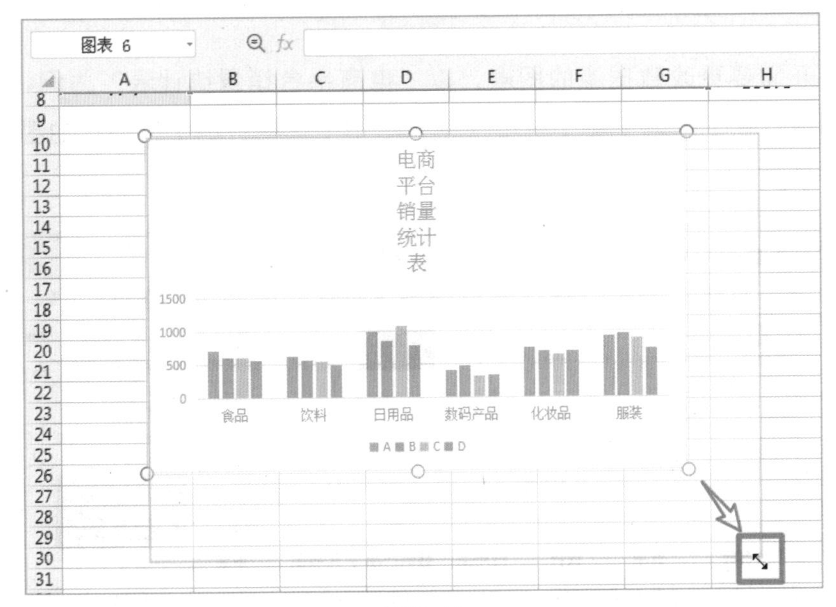

图 7–14

4 调整大小后的效果如图7–15所示。

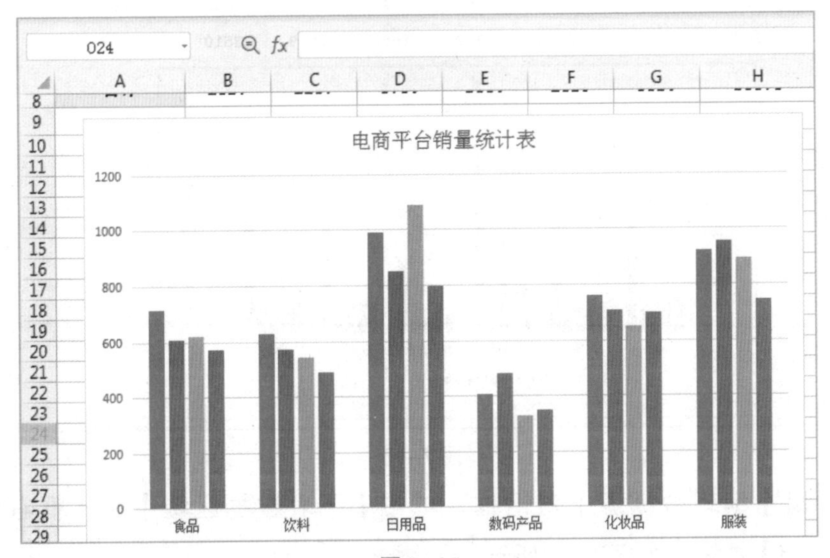

图 7–15

2.更改图表数据源

图表是基于数据源建立的，图表中的数据也来源于表格数据，如果在创建图表时错选了数据源，则可以进行更改图表数据源的操作，其操作步骤如下：

1 打开需要更改数据源的图表，以“电商平台销量统计表”为例，选中图表，在【图表工具】选项卡下，单击【选择数据】按钮，如图7-16所示。

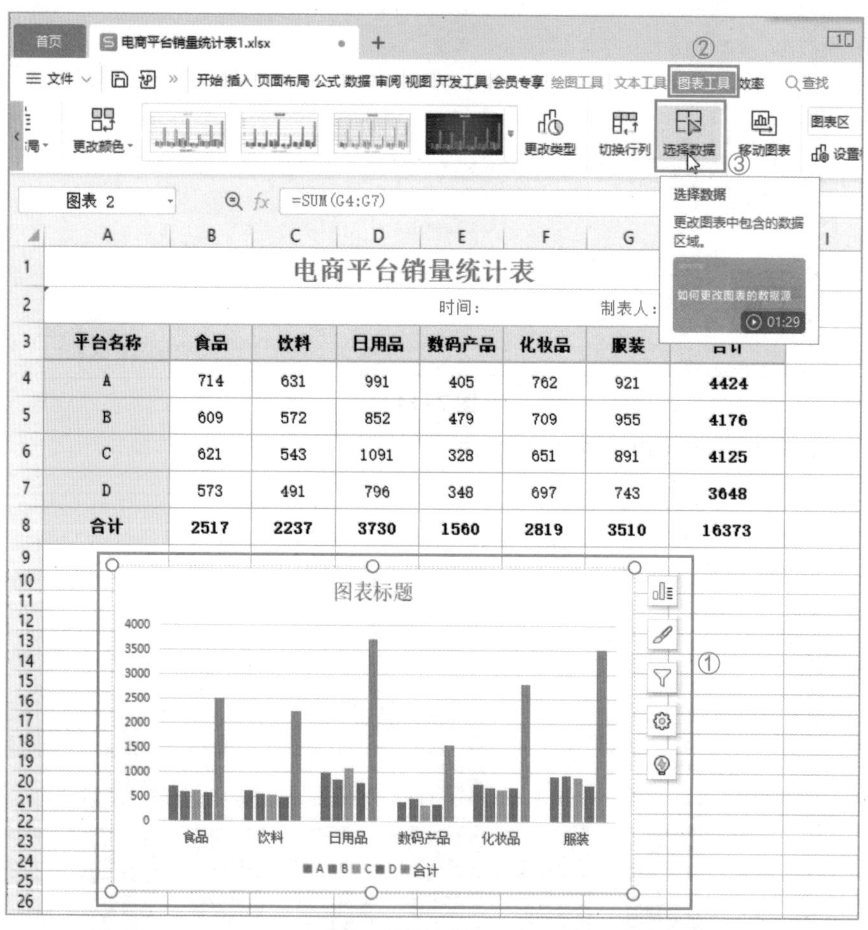

平台名称	食品	饮料	日用品	数码产品	化妆品	服装	合计
A	714	631	991	405	762	921	4424
B	609	572	852	479	709	955	4176
C	621	543	1091	328	651	891	4125
D	573	491	796	348	697	743	3648
合计	2517	2237	3730	1560	2819	3510	16373

图 7-16

2 弹出【编辑数据源】对话框，单击【图表数据区域】文本框右侧的【 】按钮，如图7-17所示。

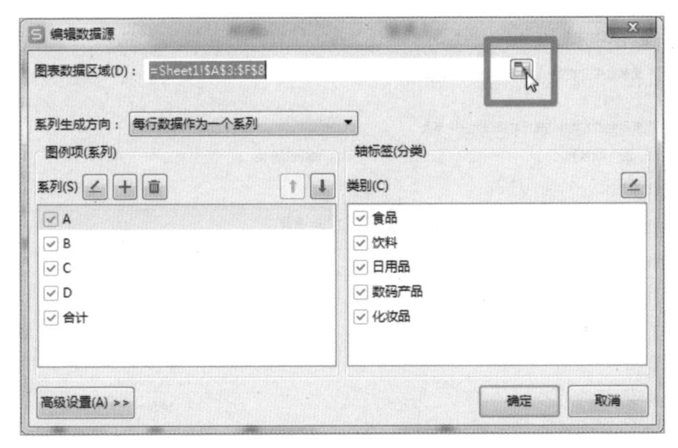

图 7-17

3 此时【编辑数据源】对话框被压缩，拖动鼠标选中要作为数据源的单元格区域，然后单击【 】按钮，如图7-18所示。

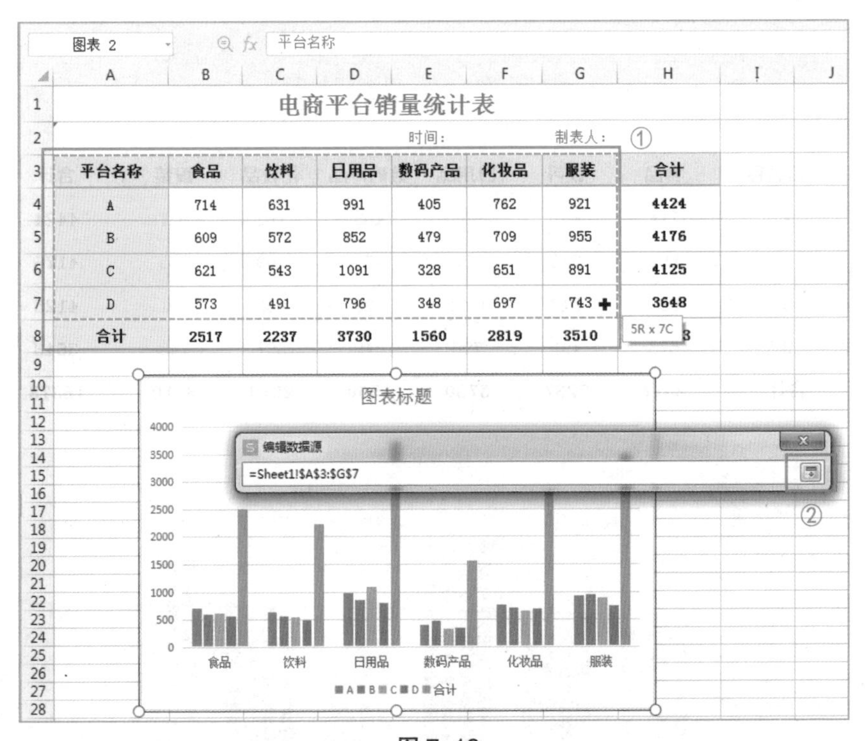

平台名称	食品	饮料	日用品	数码产品	化妆品	服装	合计
A	714	631	991	405	762	921	4424
B	609	572	852	479	709	955	4176
C	621	543	1091	328	651	891	4125
D	573	491	796	348	697	743	3648
合计	2517	2237	3730	1560	2819	3510	

图 7-18

4 返回【编辑数据源】对话框，单击【确定】按钮，如图7-19所示。

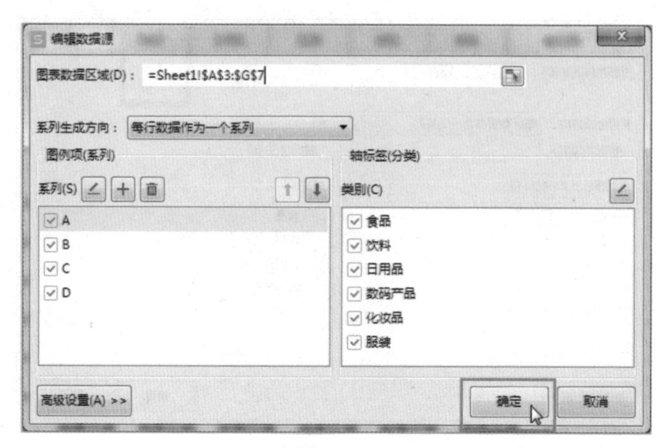

图 7-19

5 返回工作表界面，即可发现图表中的数据已经更新，如图7-20所示。

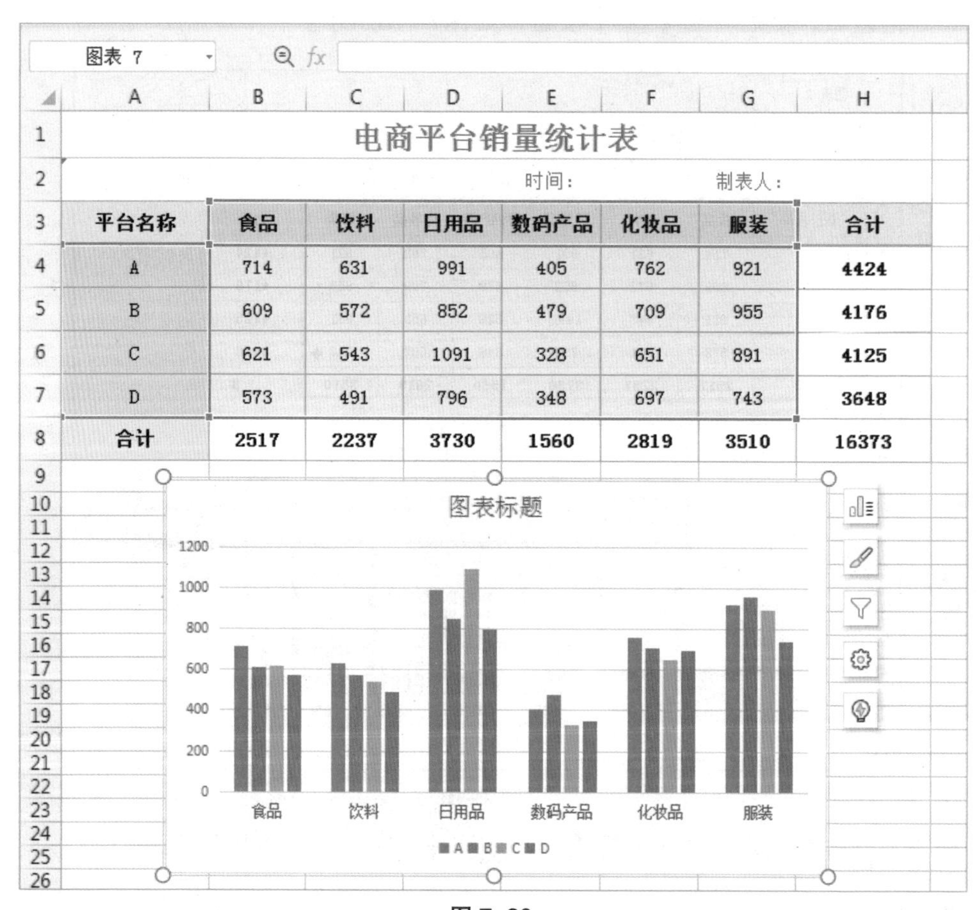

电商平台销量统计表

				时间：		制表人：	
平台名称	食品	饮料	日用品	数码产品	化妆品	服装	合计
A	714	631	991	405	762	921	4424
B	609	572	852	479	709	955	4176
C	621	543	1091	328	651	891	4125
D	573	491	796	348	697	743	3648
合计	2517	2237	3730	1560	2819	3510	16373

图 7-20

实用贴士

当图表创建完成后，如果发现图表中有不需要的数据系列，又不想在源数据中进行删改，可以直接用鼠标左键单击选中图表中不需要的数据系列，按下【Delete】键将其从图表中删除，源数据则不会受到影响。

3.更改图表类型

WPS 中自带了多种类型的图表，当创建的图表无法清晰表达数据之间的含义时，就可以更改图表类型，操作步骤如下：

1 打开需要更改图表类型的图表，以“电商平台销量统计表”为例，选中图表，在【图表工具】选项卡下，单击【更改类型】按钮，如图7-21所示。

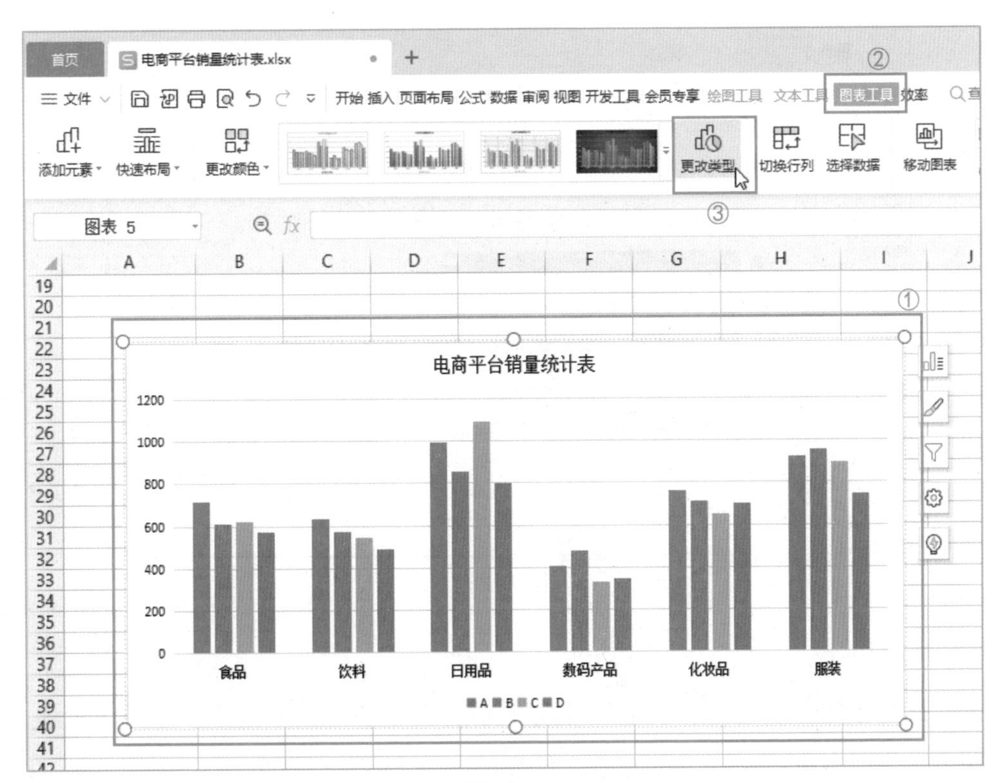

图 7-21

2 弹出【更改图表类型】对话框，单击【条形图】选项卡，在【簇状条形图】选项组下选择合适的图标样式并单击，如图7-22所示。

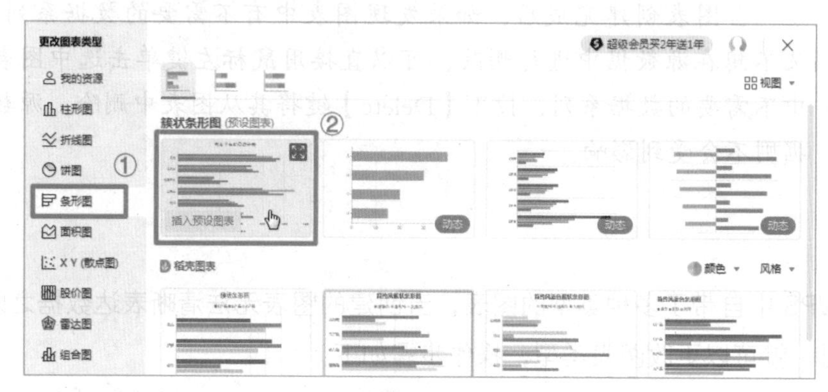

图 7-22

3 返回工作表界面，即可发现图表类型变成了簇状条形图，如图7-23所示。

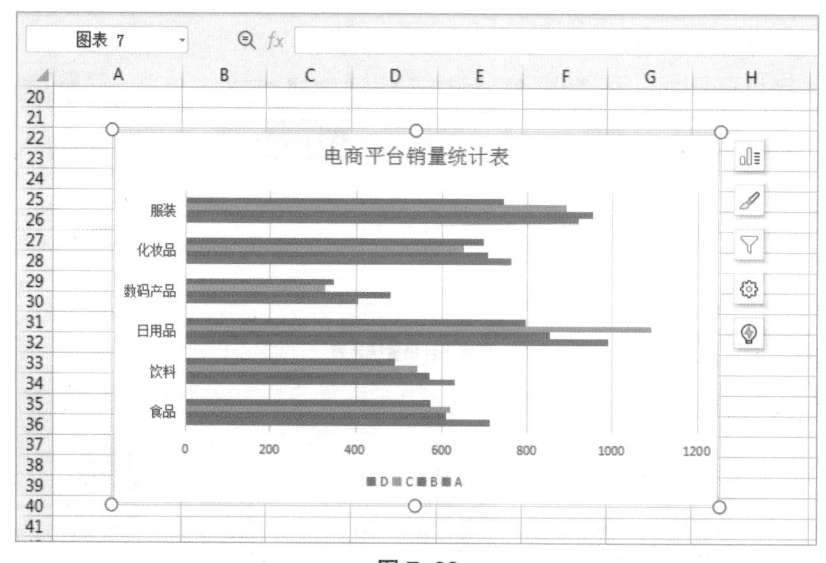

图 7-23

4.切换行和列

在实际的工作过程中，有时也需要切换图表的行和列，其具体操作步骤如下：

1 打开需要切换行和列的图表，以“电商平台销量统计表”为例，选中

图表，在【图表工具】选项卡下，单击【切换行列】按钮，如图7-24所示。

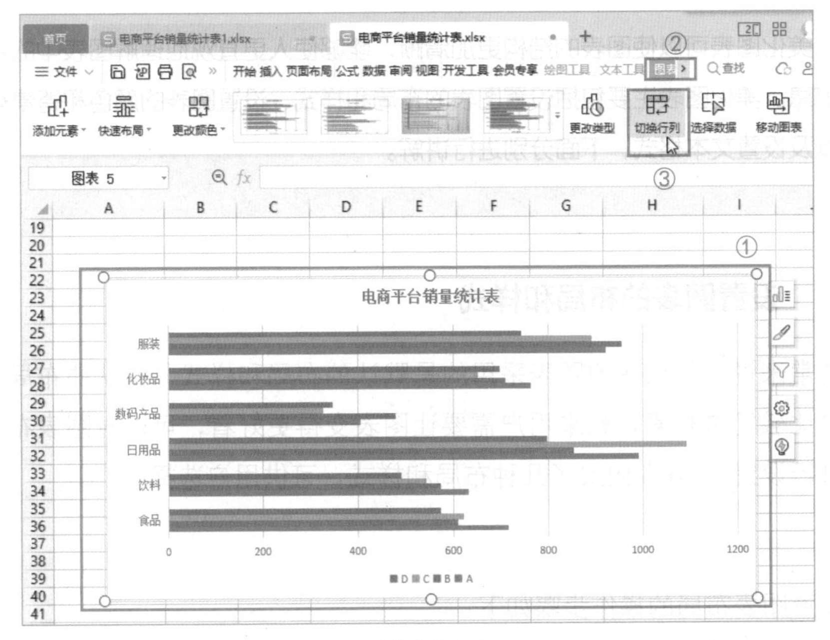

图 7-24

2 此时，就可以发现图表的数据系列已经发生了改变，如图7-25所示。

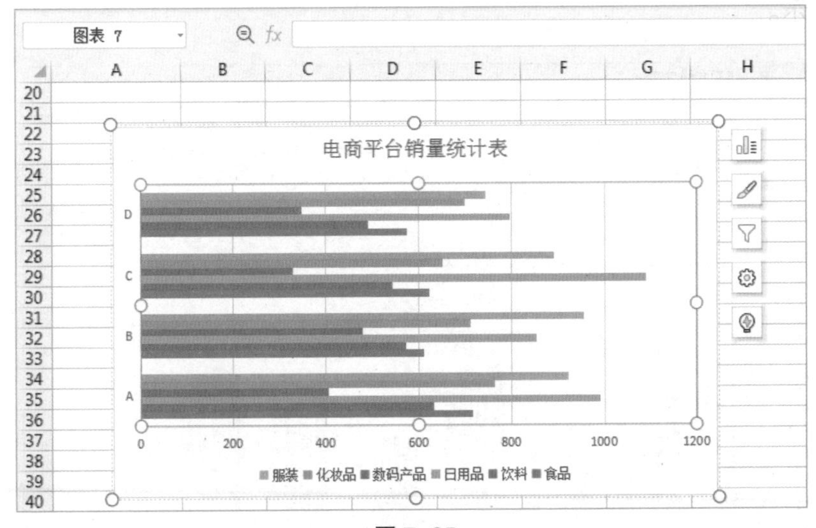

图 7-25

7.3 美化图表

美化图表可以使图表的结构更加清晰，能够使人更直观地理解图表中的数据信息。美化图表主要包括设置图表的布局和样式、设置图表的颜色和背景效果以及设置文本格式，下面分别进行讲解。

7.3.1 设置图表的布局和样式

通常来说，新创建的图表采用的是默认的布局和样式，默认的布局和样式往往比较简单朴素，如果用户需要让图表变得更好看，可以对图表布局和样式进行设置。WPS 内置了几种布局和样式，可供用户选择。

1.设置图表布局

设置图表布局的操作步骤如下：

1 打开需要设置布局的图表，以“电商平台销量统计表”为例，选中图表，在【图表工具】选项卡下单击【快速布局】下拉按钮，如图7–26所示。

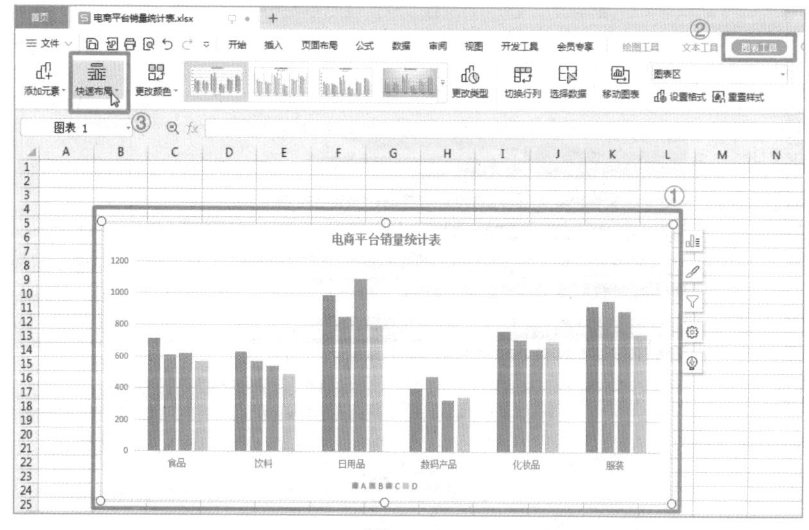

图 7–26

2 在【快速布局】下拉列表中浏览预设布局的缩略图，当鼠标指针放置在缩略图上，图表布局也会随之改变，方便用户查看，找到合适的缩略图后单击选择即可，如图7-27所示。

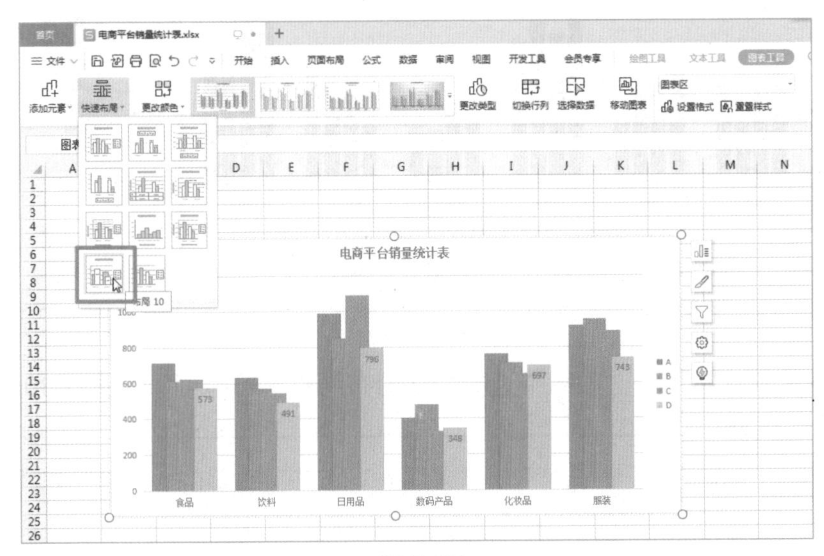

图 7-27

3 设置后的图表布局如图7-28所示。

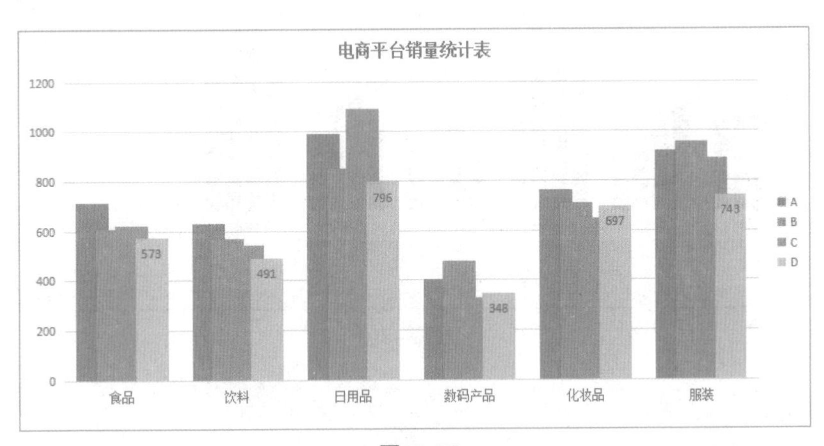

图 7-28

除上述方法外，用户也可以利用快捷按钮设置图表布局，操作步骤如下：

1 选中图表，单击图表右上方的【图表元素】按钮，在弹出的面板中选择【快速布局】选项，如图7-29所示。

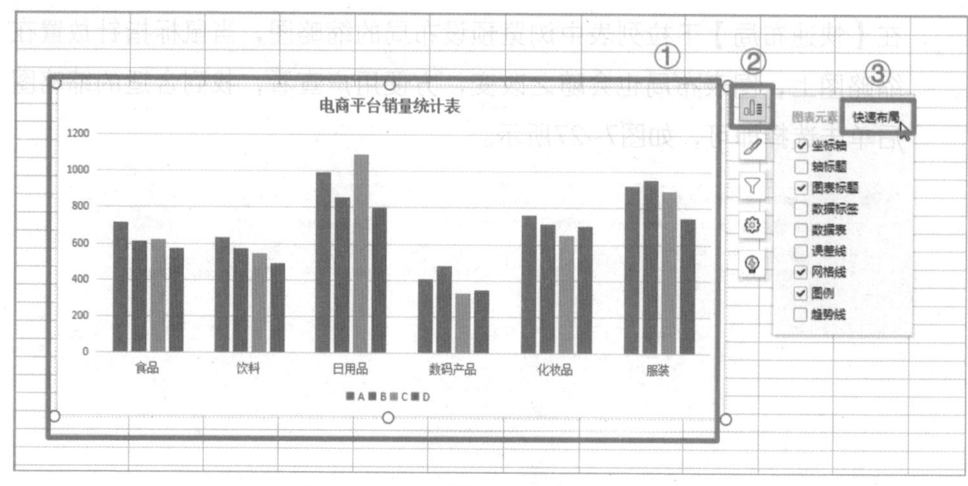

图 7–29

2 在【快速布局】选项组中选择合适的布局并单击即可，如图7–30所示。

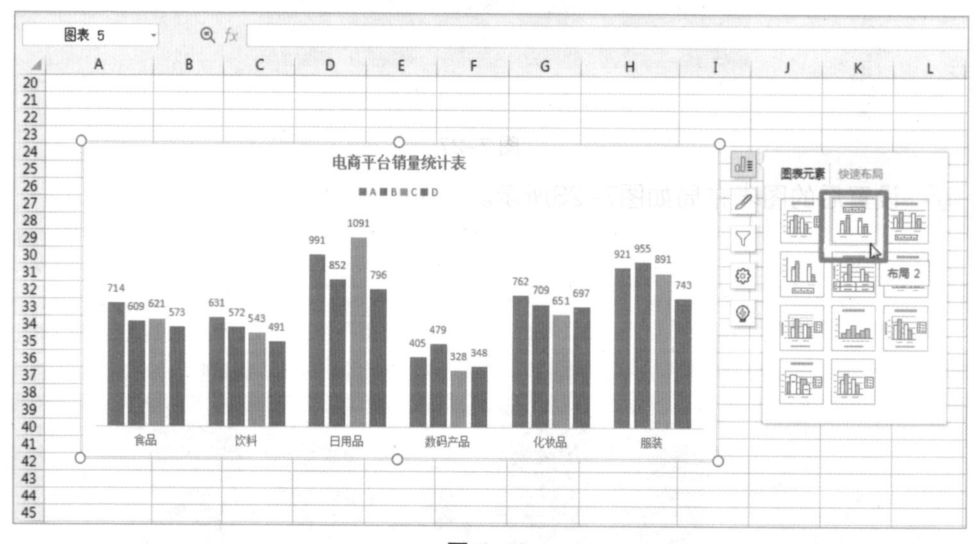

图 7–30

2.设置图表样式

设置图表样式的操作步骤如下：

1 打开需要设置样式的图表，以“电商平台销量统计表”为例，选中图表，在【图表工具】选项卡下单击【预设样式】选项组右侧的【▽】按钮，如图7–31所示。

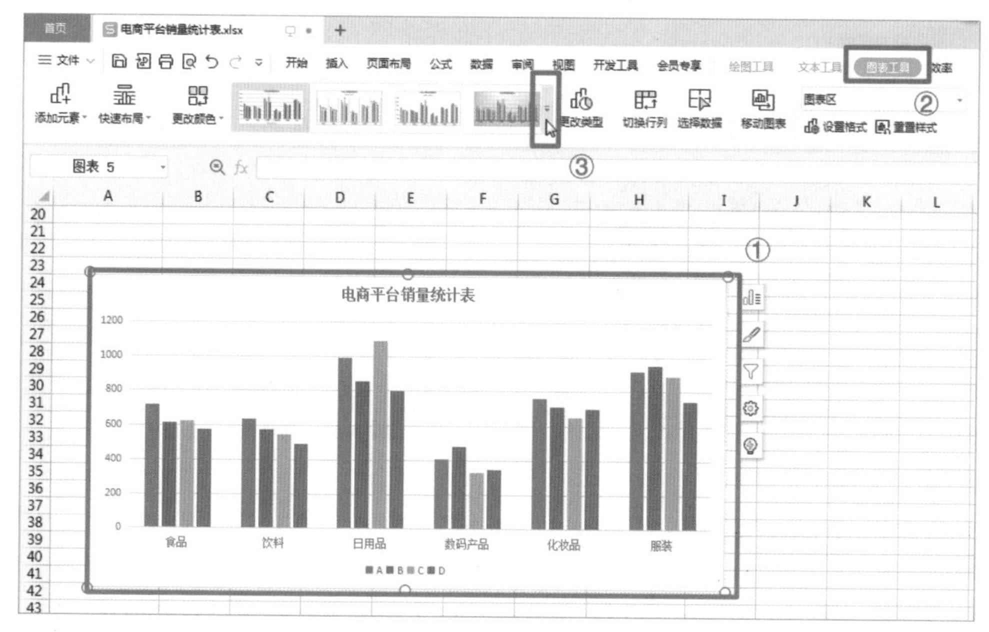

图 7-31

2 在【预设样式】下拉列表中选择一种合适的图表样式并单击即可，如图7-32所示。

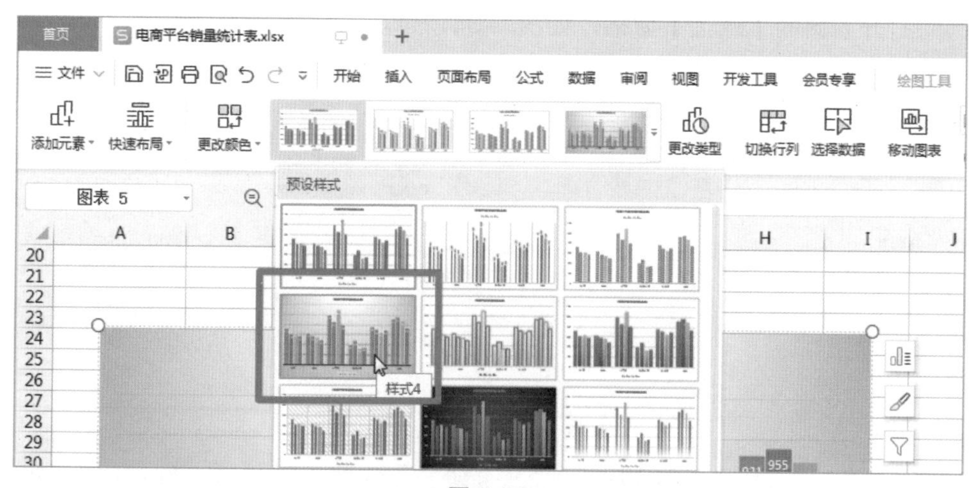

图 7-32

3 除此之外，如果想更换数据系列的颜色，只需在【图表工具】选项卡下单击【更改颜色】下拉按钮，在其下拉列表中选择合适的颜色组合即可快速变换数据系列的颜色，如图7-33所示。

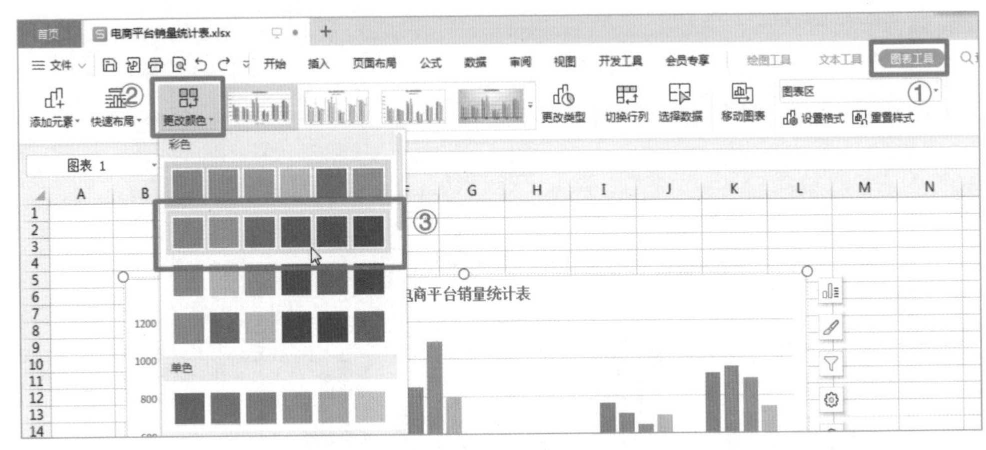

图 7-33

7.3.2 设置图表颜色及背景效果

为了起到美化图表的作用，用户还可以为图表设置颜色及背景效果。

1.设置图表颜色

1 打开需要设置颜色的图表，以“电商平台销量统计表”为例，双击图表，打开右侧的【属性】窗格，如图7-34所示。

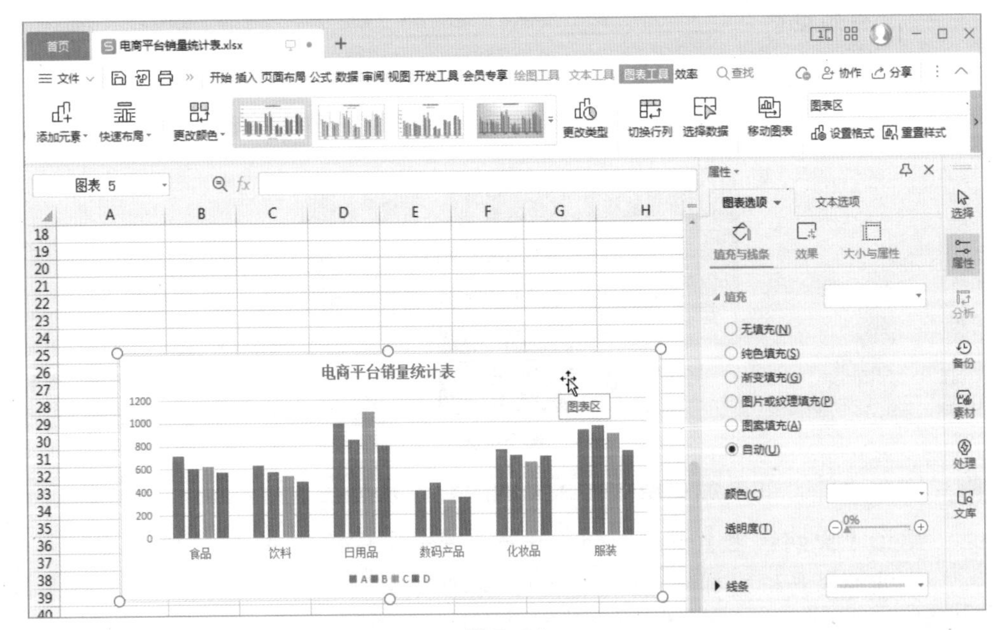

图 7-34

2 在【图表选项】选项卡下，单击【填充与线条】选项卡，再单击【填充】展开按钮，在展开列表中单击【渐变填充】单选按钮，如图7-35所示。

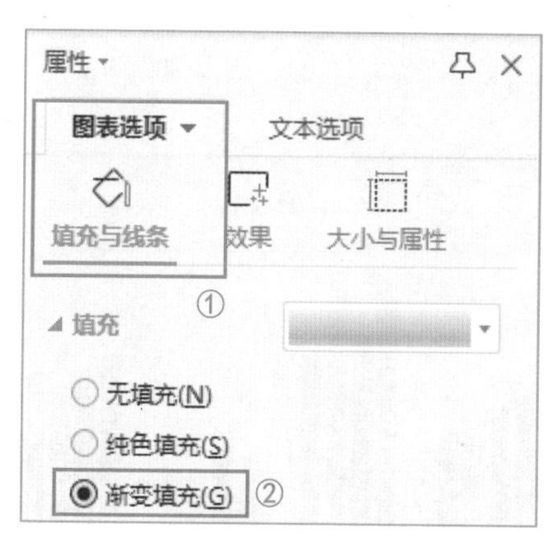

图 7-35

3 按照需要，对其他参数进行相应的设置，效果如图7-36所示。

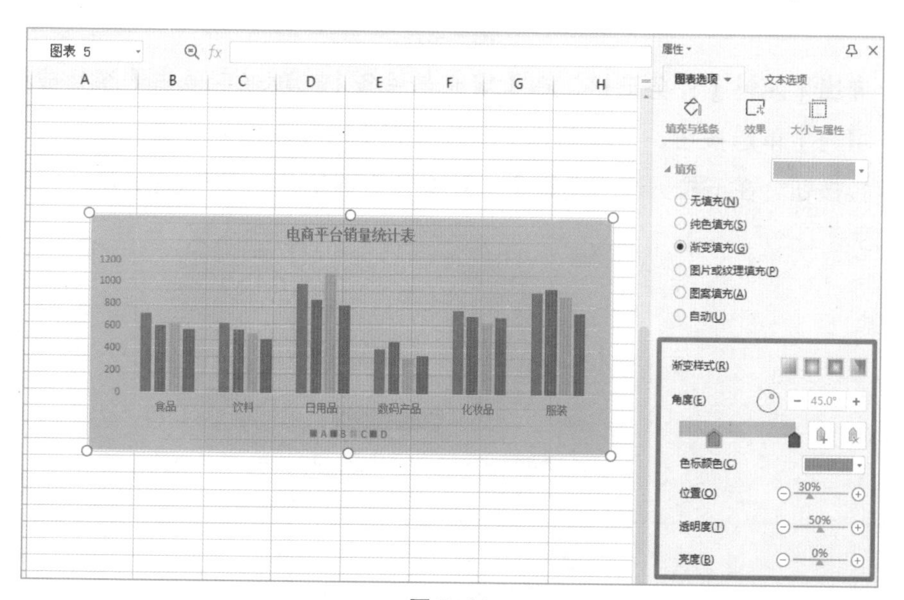

图 7-36

2.设置图表背景效果

1 打开需要设置背景效果的图表，以“电商平台销量统计表”为例，选中图表，在【图表工具】选项卡下单击【设置格式】按钮，如图7-37所示。

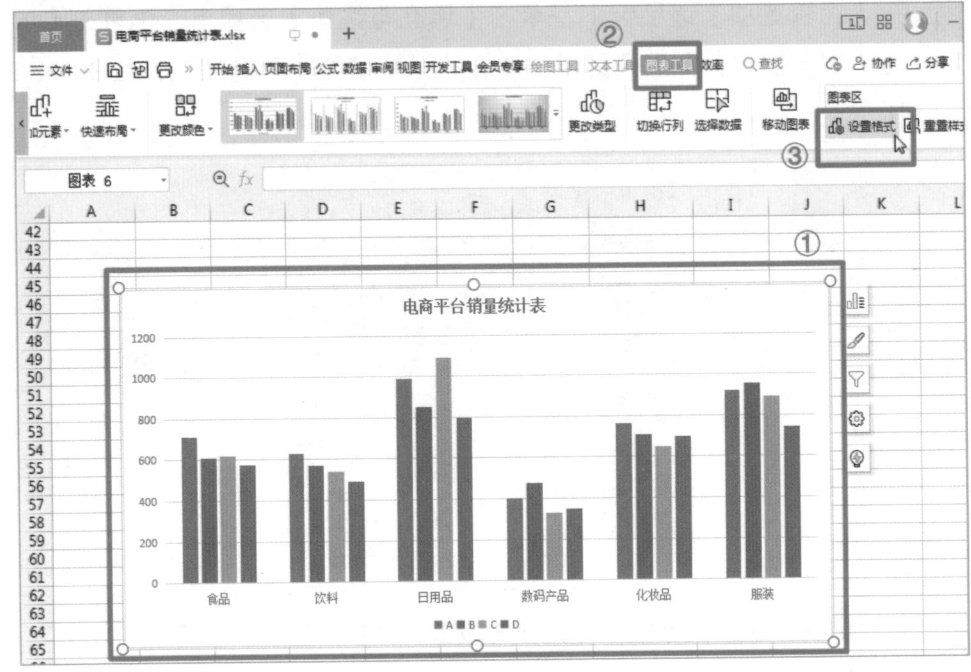

图 7-37

2 弹出【属性】任务窗格，在【填充与线条】选项卡下单击【图片或纹理填充】单选按钮，接着单击【图片填充】选项右侧的【请选择图片】下拉按钮，在下拉列表中选择【本地文件】选项，如图7-38所示。

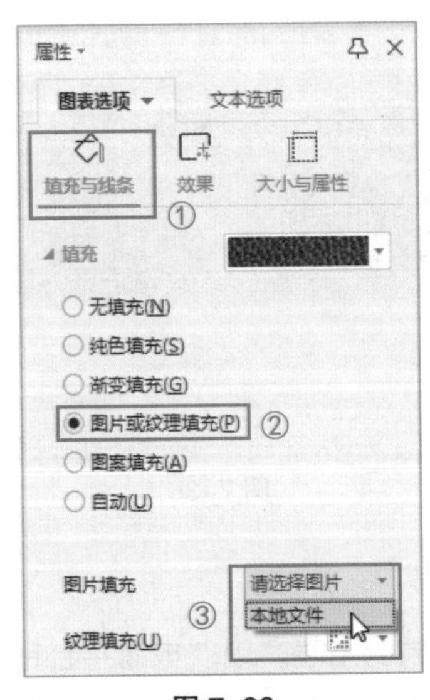

图 7-38

3 弹出【选择纹理】对话框，在本地文件夹中选择合适的图片，单击【打开】按钮，如图7-39所示。

图 7-39

4 回到工作表界面，可以看到图表已经设置了背景效果，如图7-40所示。

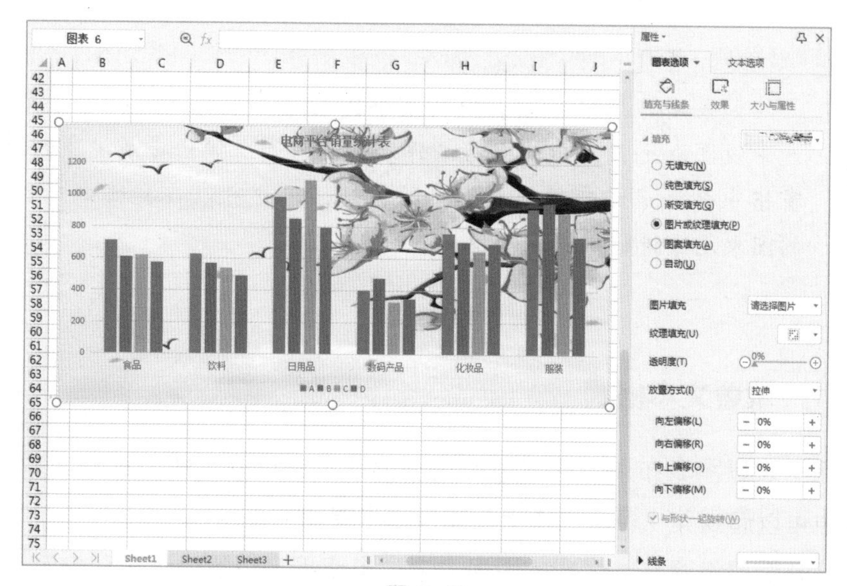

图 7-40

5 如果背景效果颜色太深，使图表信息不明显，可以在【属性】窗格中进行相应的调整，效果如图7-41所示。

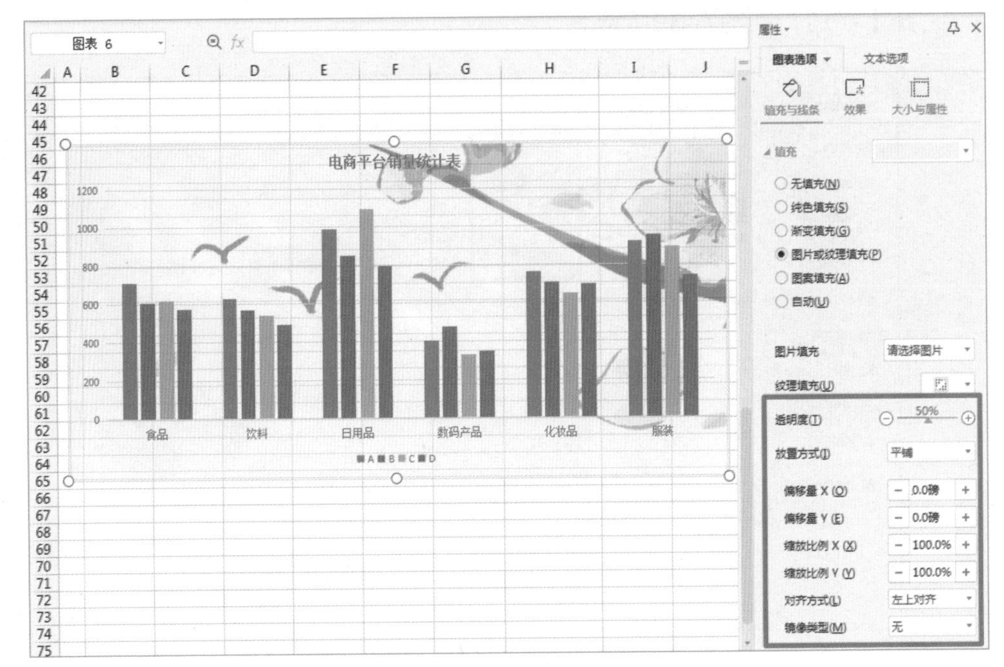

图 7-41

如果用户想要对图表中的某个图表元素进行调整，可以单击选中该图表元素，与此同时工作表界面右侧会弹出【属性】窗格，窗格中会显示相应的图表元素的信息，用户可以在窗格中对不同的图表元素进行调整，如填充、线条、颜色等。

7.3.3 设置文本格式

除了设置图表布局、样式、颜色及背景，还可以为图表设置文本格式，这样也可以起到美化表格的作用，其操作步骤如下：

1 打开需要设置文本格式的图表，以“电商平台销量统计表”为例，双击图表，打开右侧的【属性】任务窗格，如图7-42所示。

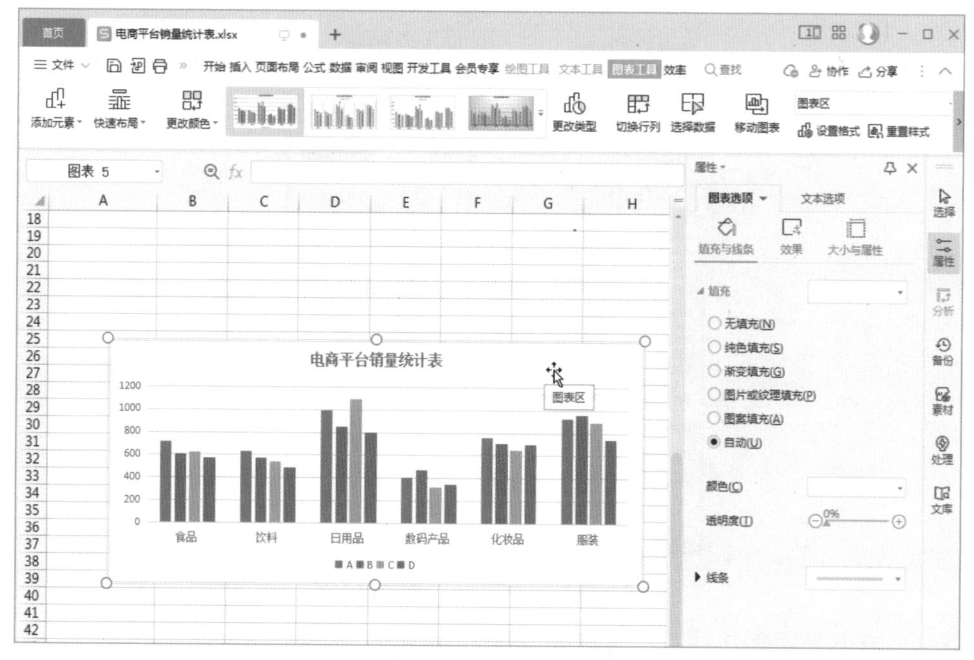

图 7–42

2 单击【文本选项】选项卡，单击【填充与轮廓】选项卡，再单击【文本填充】展开按钮，将在展开的列表中勾选【渐变填充】单选框，并对各个参数进行合适的设置，如图7–43所示。

3 单击【文本轮廓】展开按钮，将各个参数进行合适的设置，这里进行的调整如图7–44所示。

4 单击【效果】选项卡，再单击【阴影】展开按钮，将各个参数进行合适的设置，这里进行的调整如图7–45所示。

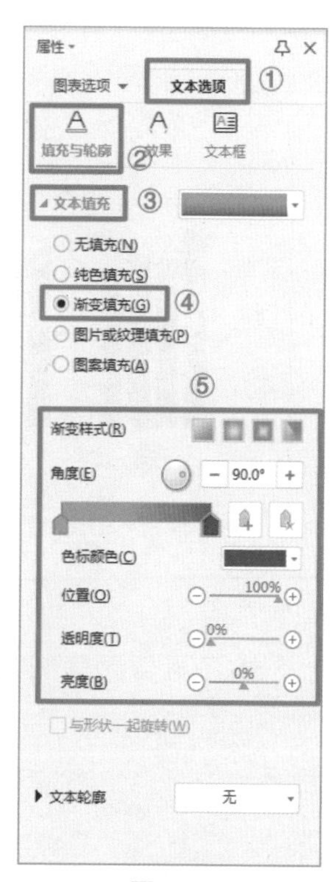

图 7–43

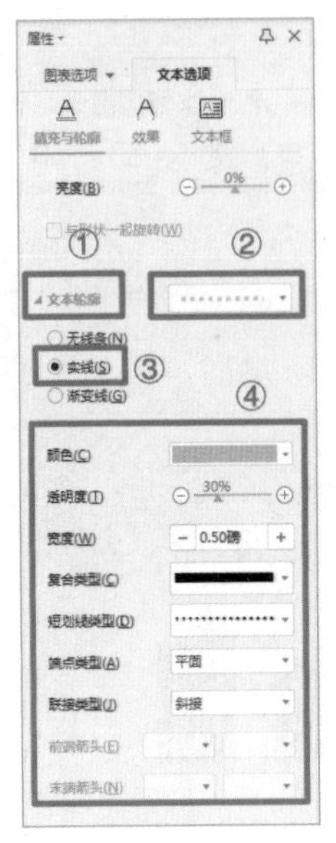

图 7–44　　图 7–45

5 所有参数设置完毕后，其效果如图7–46所示。

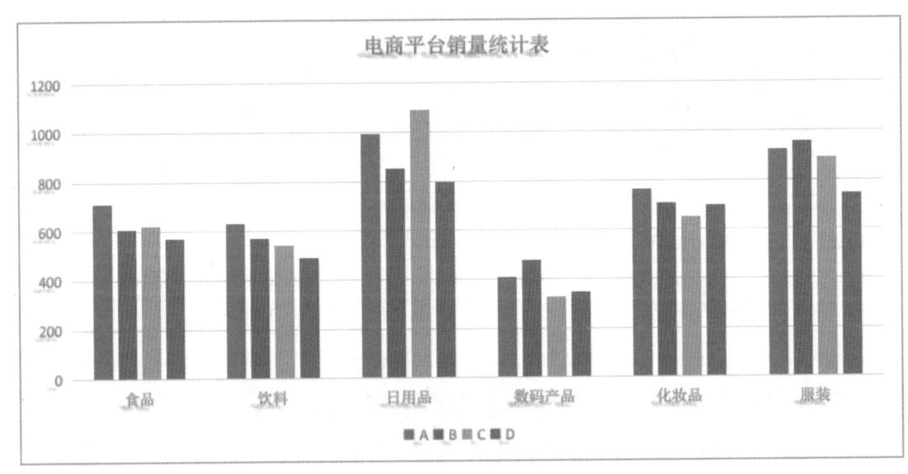

图 7–46

Chapter

08

第 8 章

WPS演示的基础操作

WPS演示是WPS Office的三大办公组件之一。它可以帮助用户创建精美的演示文稿，用于展示、教育、演讲、销售等场合。通过学习本章，读者将快速掌握WPS演示的基础操作。

学习要点：★掌握演示文稿的基本操作

★掌握幻灯片的基本操作

★认识模板与母版

★学会在幻灯片中输入与编辑文字

8.1 演示文稿的基本操作

演示文稿是一种以图表、文字、图片、动画等形式呈现的文档，通常用于展示、演讲、培训、介绍等场合。演示文稿可以帮助演讲者更加生动地表达内容，吸引听众的注意力，加深听众的印象。下面介绍演示文稿的基本操作。

8.1.1 创建演示文稿

创建演示文稿的操作步骤如下：

1. 启动WPS Office软件，单击主界面左侧的【新建】按钮，如图8-1所示。

图 8-1

2. 进入新建页面，单击页面左侧的【新建演示】选项卡，然后将鼠标箭头移至【空白演示】按钮上，【空白演示】按钮中有三个颜色分别为白色、

灰色、黑色的按钮，单击一种颜色，即可创建以相应颜色为背景色的空白演示文稿，以白色为例，如图8-2所示。

图 8-2

3 新建的空白演示文稿如图8-3所示。

图 8-3

除了用上述方法新建空白演示文稿，还可以通过下面的方法创建：

在操作系统桌面或文件夹中用鼠标右键单击空白处，在弹出的快捷菜单中选择【新建】→【PPT 演示文稿】或【PPTX 演示文稿】，即可创建一个空白的演示文稿，如图 8–4 所示。鼠标左键双击新建后的演示文稿图标即可将其打开。

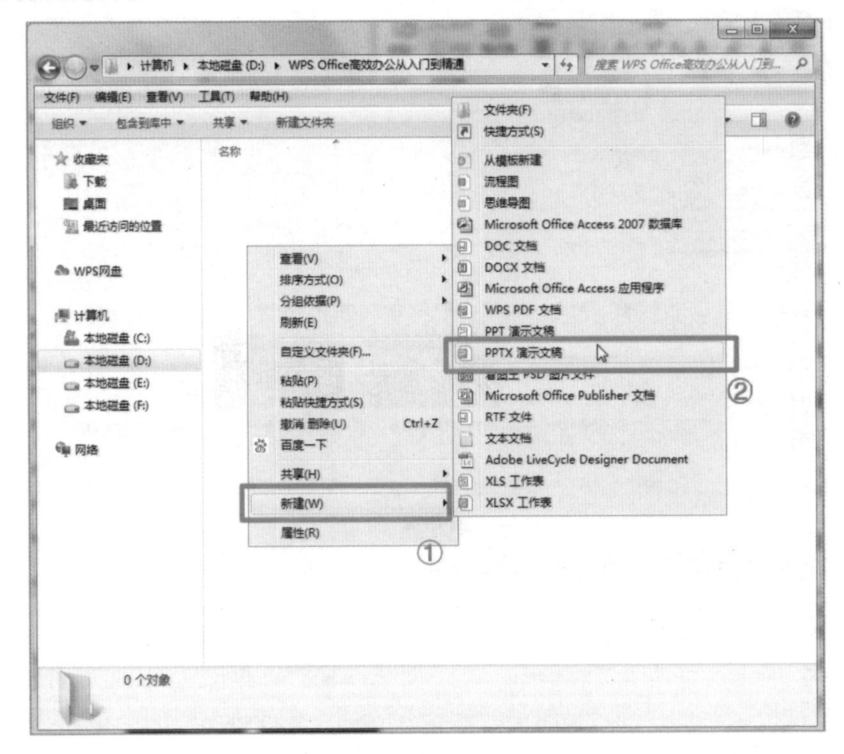

图 8–4

在打开的 WPS Office 程序中，单击最上方标题选项卡右侧的【**＋**】按钮，在【新建】页面中点击左侧的【新建演示】选项卡，然后在【空白演示】按钮中选择需要的颜色作为背景色新建空白的演示文稿，如图 8–5 所示。

在打开的 WPS Office 程序中，按下【Ctrl+N】组合键，快速打开【新建】页面，用户可以根据自己的需要新建演示文稿。

图 8-5

8.1.2 保存演示文稿

新建演示文稿后，为了便于以后进行查看和编辑，需要对其进行保存，保存演示文稿的操作步骤如下：

1 单击页面左上角的【文件】按钮，在下拉列表中单击【另存为】选项，如图8-6所示。

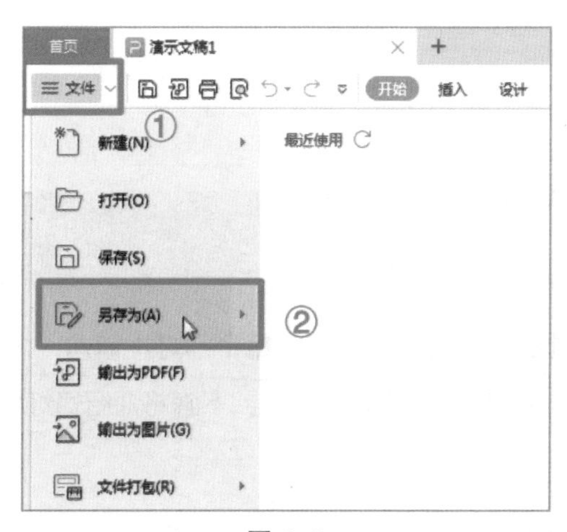

图 8-6

2 在弹出的【另存文件】对话框中设置保存路径、文件名和文件类型，然后单击【保存】按钮，如图8-7所示。

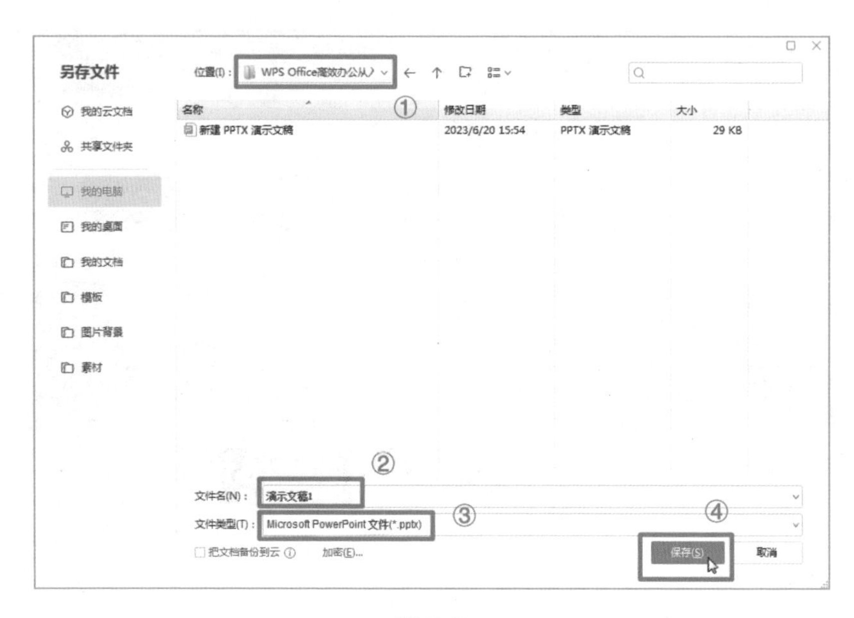

图 8-7

在制作一份演示文稿后，一页一页幻灯片单独浏览不一定能了解整个演示文稿的整体结构和流程。这时候，可以在【视图】选项卡下单击【幻灯片浏览】按钮，即可预览演示文稿中所有幻灯片。

8.2 幻灯片的基本操作

演示文稿通常由多个幻灯片组成，每个幻灯片包含一个主题和相关的内容，可以通过幻灯片切换的方式进行呈现，下面将介绍幻灯片的基本操作。

8.2.1 插入和删除幻灯片

新建空白演示文稿后，如果需要添加新的内容，就需要插入新的幻灯片。而有时也会遇到内容多需要删除幻灯片的情况。

1.插入幻灯片

插入幻灯片就是指在演示文稿中新建幻灯片，操作步骤如下：

1 打开需要插入幻灯片的演示文稿，以“XXX项目工作总结”为例，在【插入】选项卡下单击【新建幻灯片】下拉按钮，如图8-8所示。

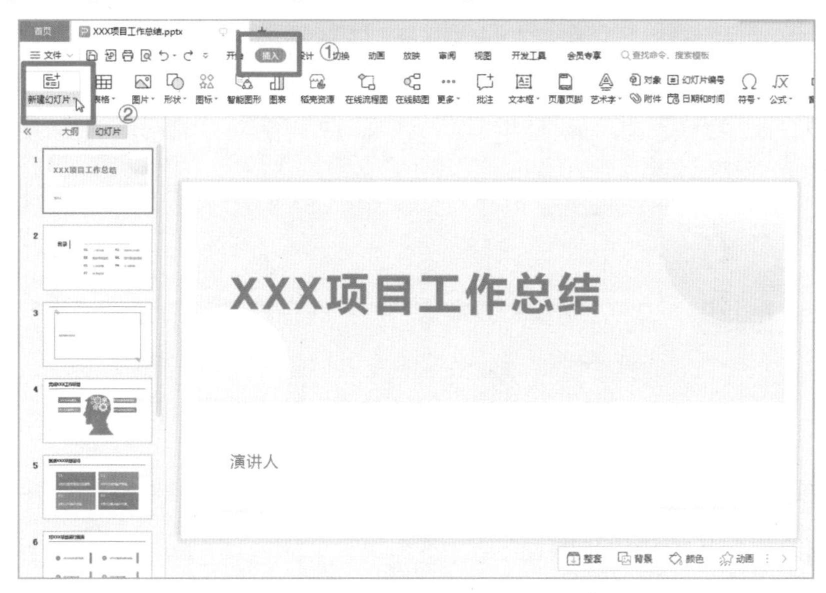

图 8-8

2 在【新建幻灯片】下拉列表中，根据实际需要，在左侧选择相应的选项卡，这里以【新建】选项卡为例，然后在右侧选择一种幻灯片样式并单击即可，如图8-9所示。

图 8-9

3 此时，在演示文稿中已经插入了一张空白幻灯片，如图8-10所示。

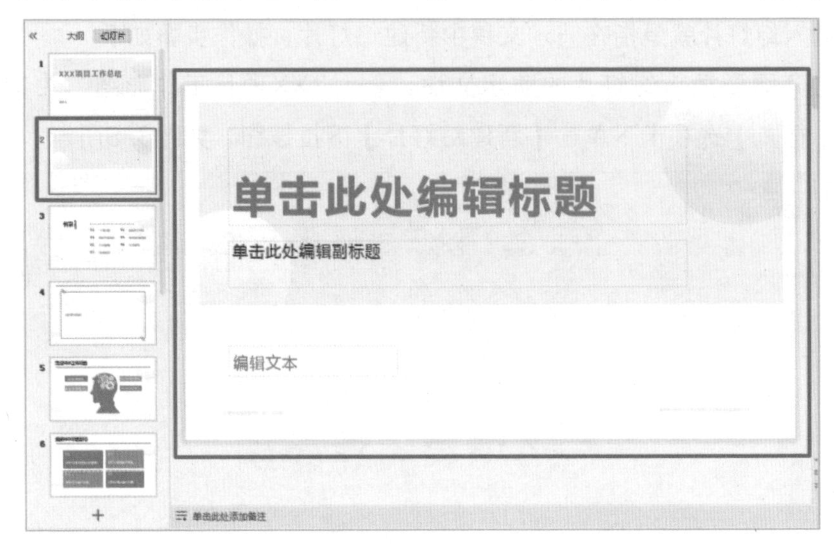

图 8-10

2.删除幻灯片

删除幻灯片的操作步骤如下：

1 在WPS演示界面右侧的导航窗格中，选中要删除的幻灯片，单击鼠标右键，在弹出的快捷菜单中选择【删除幻灯片】命令，如图8-11所示。

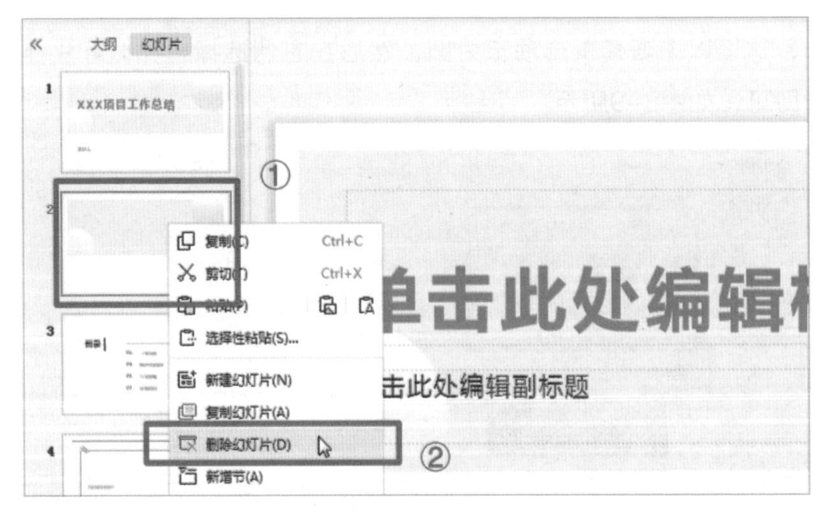

图 8-11

2 此时，选中的幻灯片已经被删除，如图8-12所示。

图 8-12

8.2.2 复制和移动幻灯片

在实际的工作中，也会经常遇到需要复制和移动幻灯片的情况。

1.复制幻灯片

复制幻灯片的操作步骤如下：

1 打开需要复制幻灯片的演示文稿，以“XXX项目工作总结”为例，在导航窗格中选中要复制的幻灯片，如目录页，单击鼠标右键，在弹出的快捷菜单中选择【复制】命令，如图8-13所示。

图 8-13

2 选中第3张幻灯片，单击鼠标右键，在弹出的快捷菜单中选择【粘贴】命令，如图8–14所示。

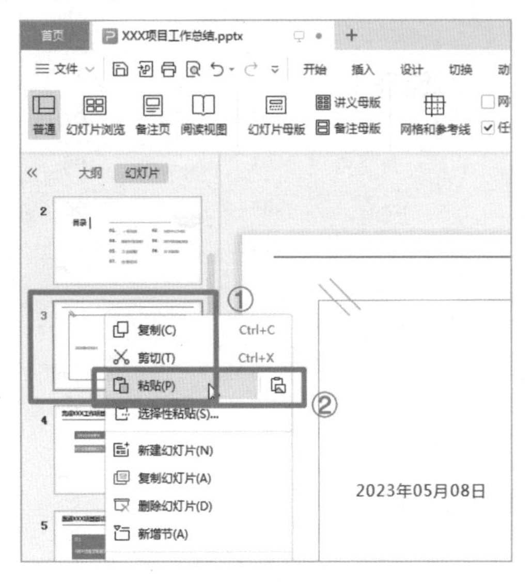

图 8–14

3 复制的幻灯片就出现在了第3张幻灯片的下方，如图8–15所示。

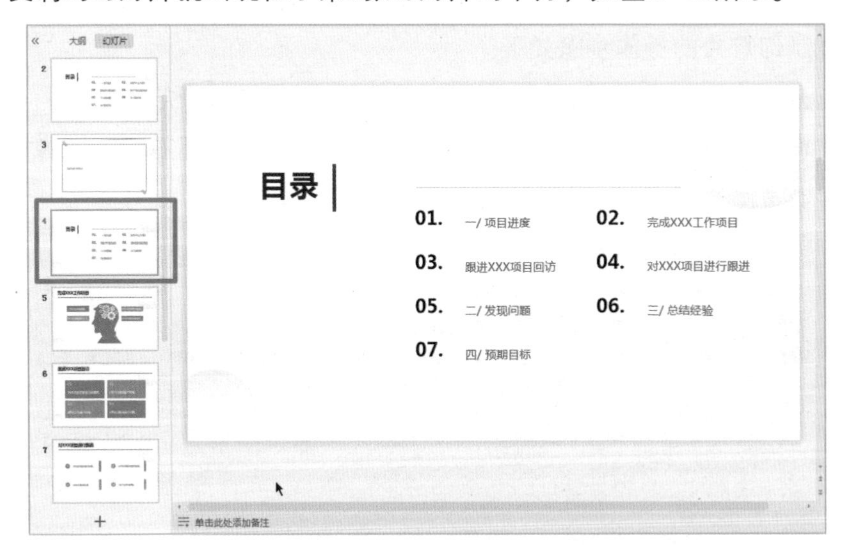

图 8–15

2.移动幻灯片

移动幻灯片的操作步骤如下：

1 选中要移动的幻灯片，这里选中第2张幻灯片，单击鼠标右键，在弹出的快捷菜单中选择【剪切】命令，如图8-16所示。

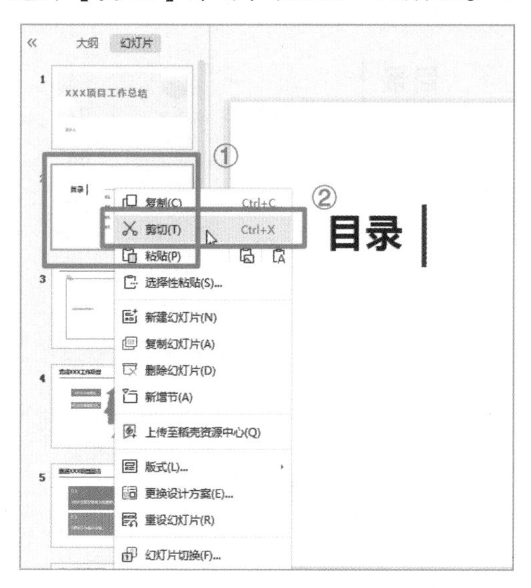

图 8-16

2 选中第4张幻灯片，单击鼠标右键，在弹出的快捷菜单中选择【粘贴】命令，如图8-17所示。

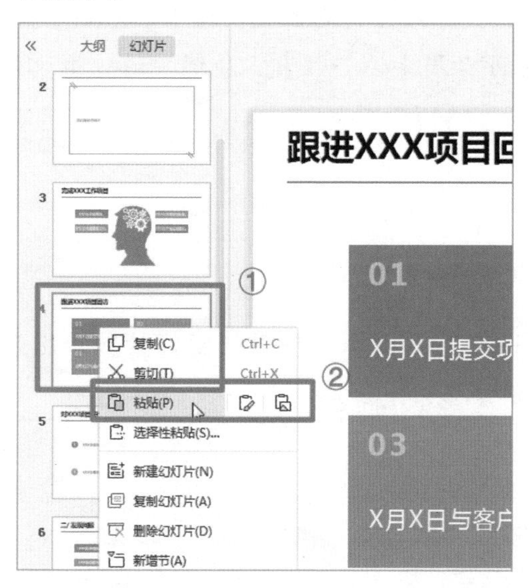

图 8-17

3 第2张幻灯片就移动到了第4张幻灯片的下方，如图8-18所示。

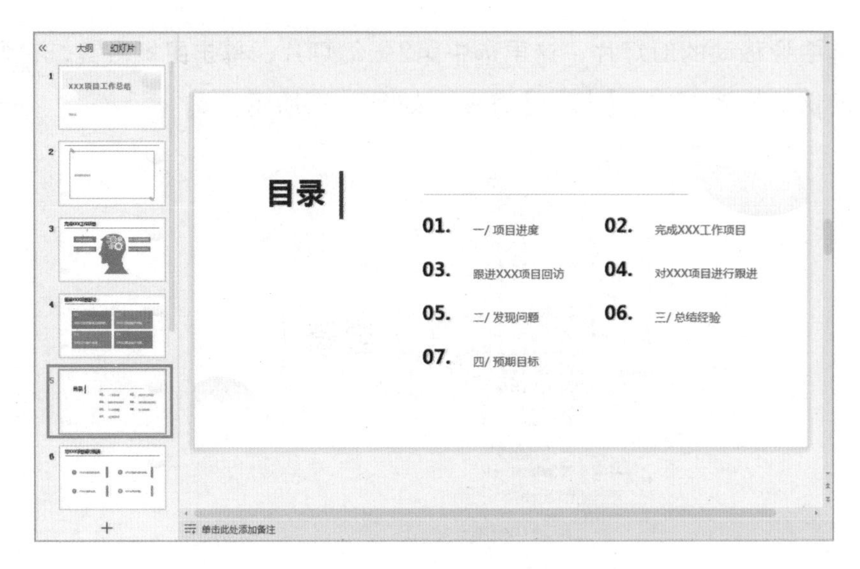

图 8–18

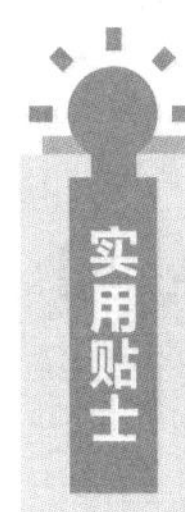

就像复制文字一样，用户可以通过组合键来复制幻灯片，只需选中需要复制的幻灯片，按下【Ctrl+C】组合键，然后在导航窗格中，将光标插入合适的位置，按下【Ctrl+V】组合键即可。同理，用户也可以用【Ctrl+X】组合键，通过剪切幻灯片来移动幻灯片的位置。

8.2.3 隐藏与显示幻灯片

如果用户在放映幻灯片时不想将某张幻灯片显示出来，可以将其隐藏，需要放映的时候再将其显示出来。

1.隐藏幻灯片

隐藏幻灯片的操作步骤如下：

1 选中想要隐藏的幻灯片，单击鼠标右键，在弹出的快捷菜单中选择【隐藏幻灯片】命令，如图8–19所示。

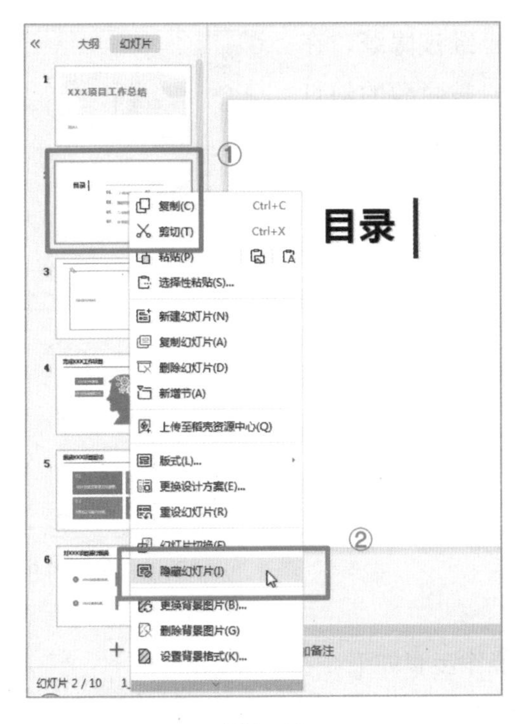

图 8-19

2 也可以在选中幻灯片后，在【放映】选项卡下单击【隐藏幻灯片】按钮，如图8-20所示。

图 8-20

3 选中的幻灯片已经被隐藏，在播放幻灯片时，被隐藏的幻灯片不会被播放。同时，被隐藏的幻灯片序号上会出现隐藏符号“\”，如图8-21所示。

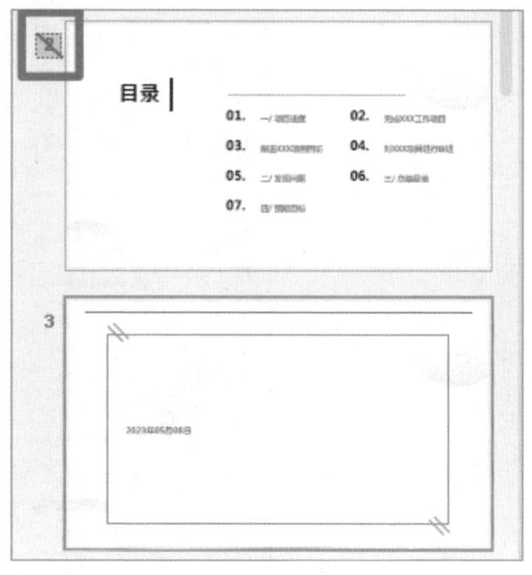

图 8-21

2.显示幻灯片

显示幻灯片的操作步骤如下：

1 选中需要显示的幻灯片，单击鼠标右键，在弹出的快捷菜单中再次选择【隐藏幻灯片】选项即可，如图8-22所示。

2 也可以在选中幻灯片后，在【幻灯片放映】选项卡下单击【隐藏幻灯片】按钮，取消其选中状态，如图8-23所示。

图 8-22

图 8-23

8.3 在幻灯片中输入与编辑文字

8.3.1 使用占位符输入文本

在幻灯片内输入文本，也就是在占位符中输入文本，其操作步骤如下：

1 打开需要输入文本的演示文稿，单击幻灯片内的标题占位符，进入编辑模式，在标题占位符中输入“在幻灯片中输入与编辑文字”，如图8-24所示。

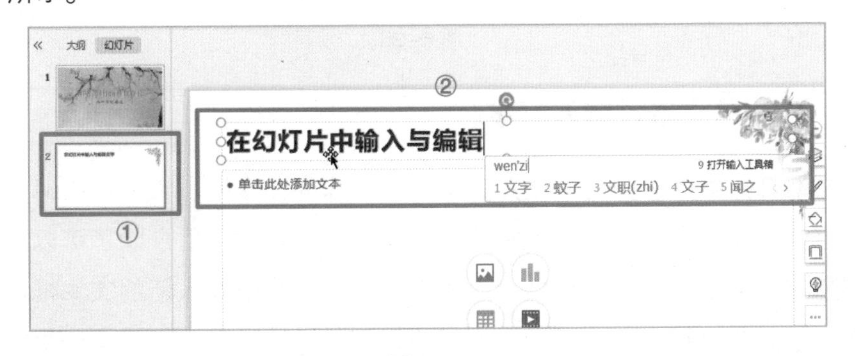

图 8-24

2 采用同样的方法在副标题占位符中输入“使用占位符输入文本”，输入完毕后，效果如图8-25所示。

图 8-25

3 按照上述方法，在剩余的幻灯片中分别输入相应的文本内容，最后效果如图8-26所示。

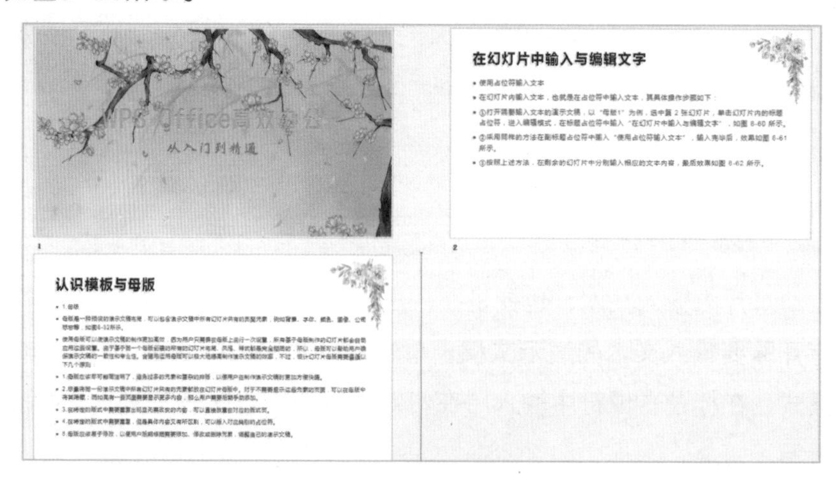

图 8-26

8.3.2 使用文本框输入文本

在幻灯片中，占位文本框其实是一个特殊的文本框，它出现在幻灯片中的固定位置，包含预设的文本格式。在编辑幻灯片时，用户除了可以通过鼠标调整占位文本框的位置和大小，还可以在幻灯片中插入新的文本框，然后在其中输入与编辑文字，以满足不同的幻灯片设计需求。文本框分为横向和

竖向两种。

1.插入横向文本框

在幻灯片中插入横向文本框的操作步骤如下：

1 打开一份演示文稿，在左侧导航窗格中选择要插入横向文本框的幻灯片，在【插入】选项卡下单击【文本框】下拉按钮，在其下拉列表中单击【横向】按钮，选择需要的文本样式，以【标题】文本框为例，如图8-27所示。

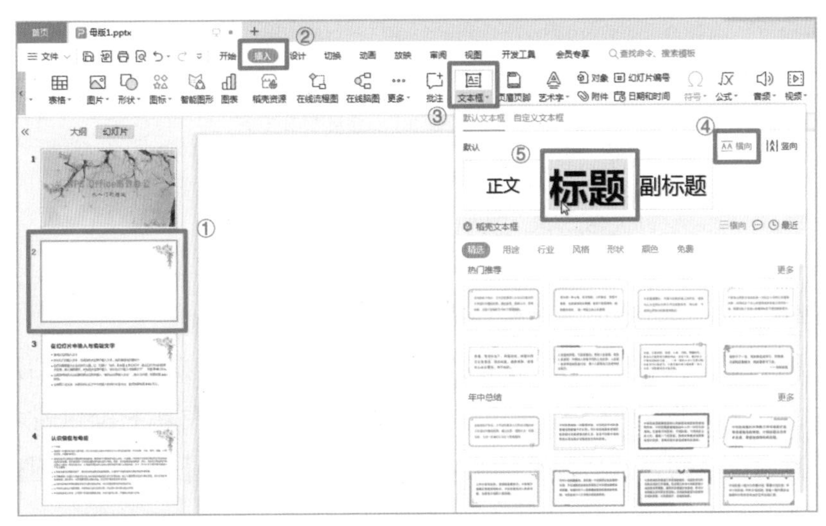

图 8-27

2 此时，幻灯片中出现了一个横向文本框，在文本框内输入文字，如图8-28所示。

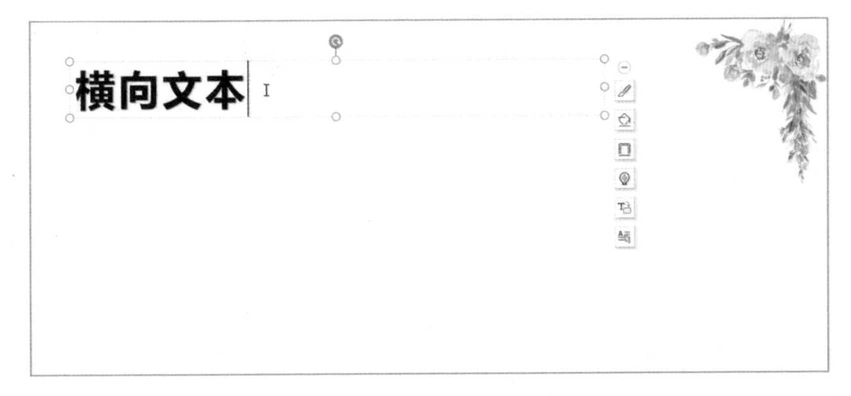

图 8-28

3 编辑文本框的方法与占位符相同，都可以用【字体】【字号】【字体颜色】等功能进行设置，改变文本框中文本的字体、大小及颜色，编辑后的效果如图8-29所示。

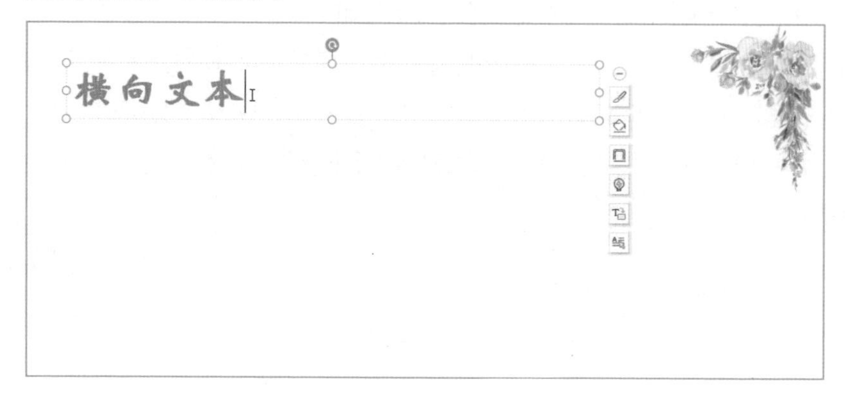

图 8-29

2.插入竖向文本框

在幻灯片中插入竖向文本框的操作步骤如下：

1 打开一份演示文稿，在左侧导航窗格中选择要插入竖向文本框的幻灯片，在【插入】选项卡下单击【文本框】下拉按钮，在其下拉列表中单击【竖向】按钮，选择需要的文本样式，以【副标题】文本框为例，如图8-30所示。

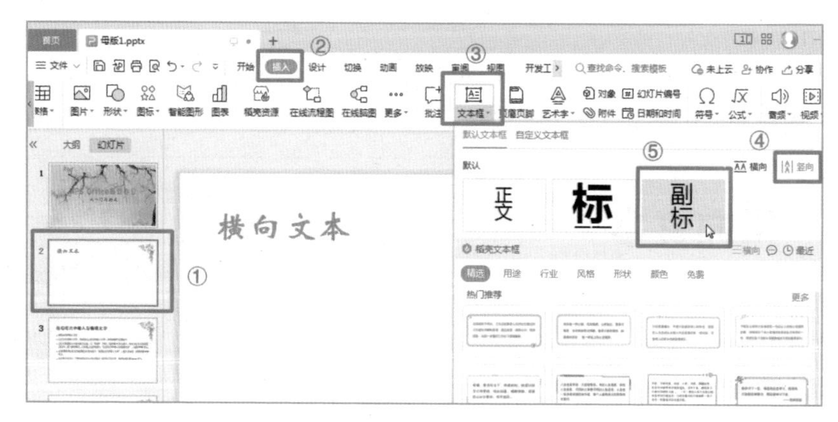

图 8-30

2 此时，幻灯片中出现了一个竖向文本框，在文本框内输入文字，如图8-31所示。

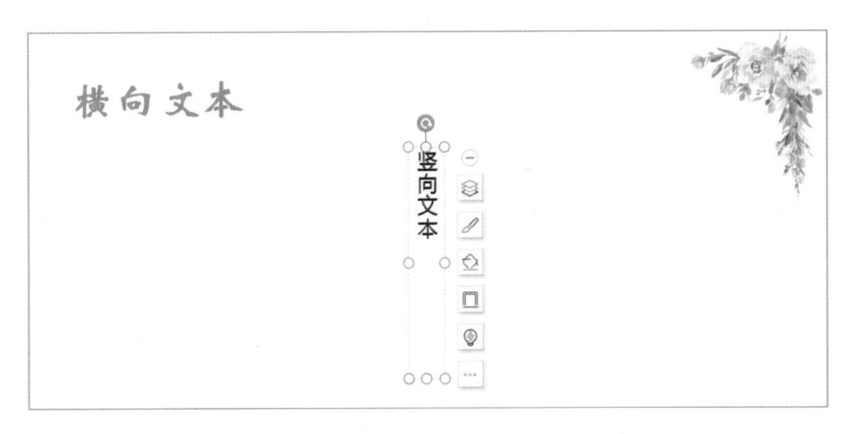

图 8-31

3 竖向文本框可以采用同样的方法进行编辑，如图8-32所示。

图 8-32

实用贴士

用户也可以在幻灯片中插入稻壳推荐的文本框。在【文本框】列表中选择【文本框推荐】选项下的【免费】选项，在该选项下选择合适的文本框样式，单击【免费使用】按钮，登录账号后，即可在幻灯片中插入所选文本框。

8.3.3 编辑文本框

在幻灯片中插入文本框后，用户可以对文本框进行相关编辑操作，例如设置文本框的填充颜色、轮廓样式和形状效果。

1.设置文本框填充颜色

1 选中需要填充颜色的文本框，在【绘图工具】选项卡下单击【填充】下拉按钮，在下拉列表中选择合适的颜色，即可为文本框设置填充颜色，如图8-33所示。

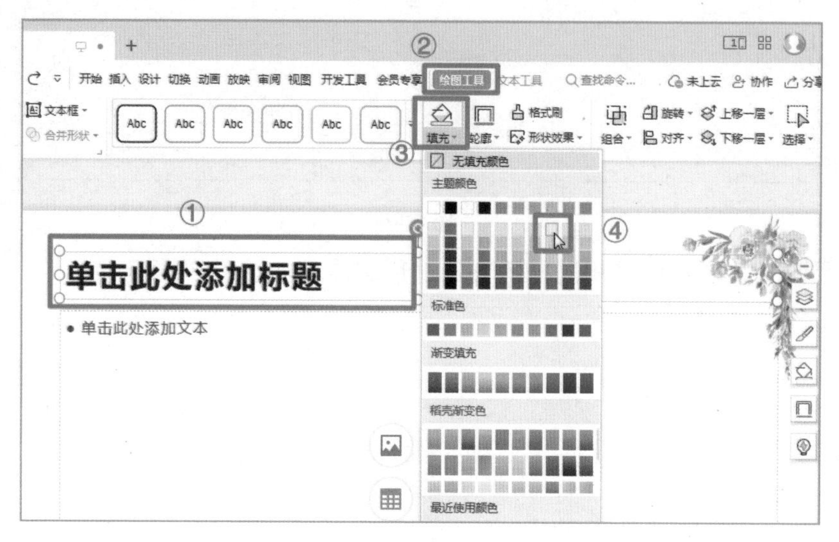

图 8-33

2 填充颜色后的文本框如图8-34所示。

图 8-34

2.设置文本框轮廓样式

1 选中需要设置轮廓的文本框，在【绘图工具】选项卡下单击【轮廓】下拉按钮，在下拉列表中选择合适的颜色，即可为文本框设置轮廓颜色，如图8-35所示。

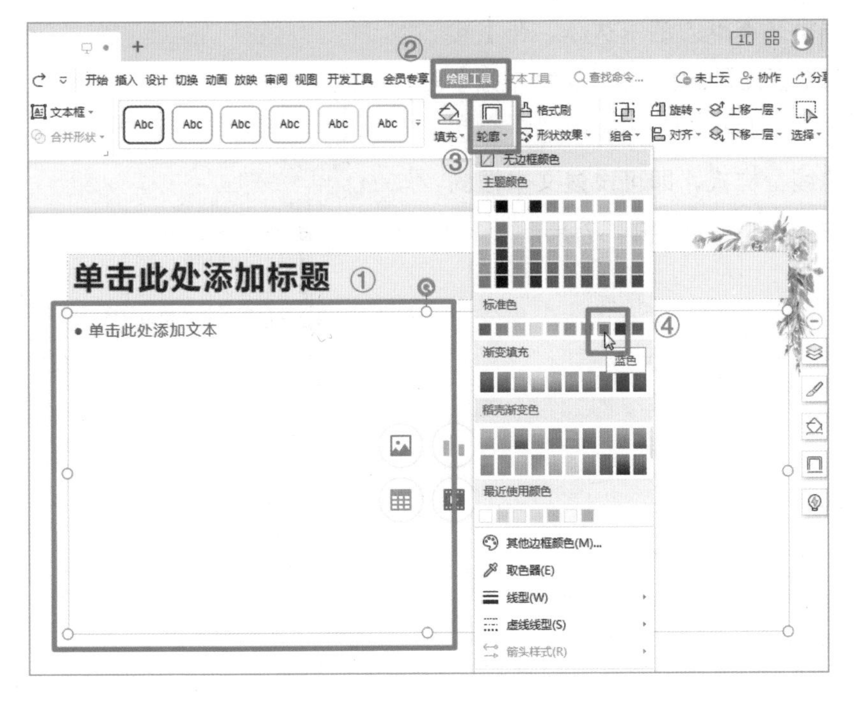

图 8-35

2 在【绘图工具】选项卡下的【轮廓】下拉列表中选择【线型】选项，并从其子列表中选择合适的线型粗细即可设置文本框的线型，如图8-36所示。

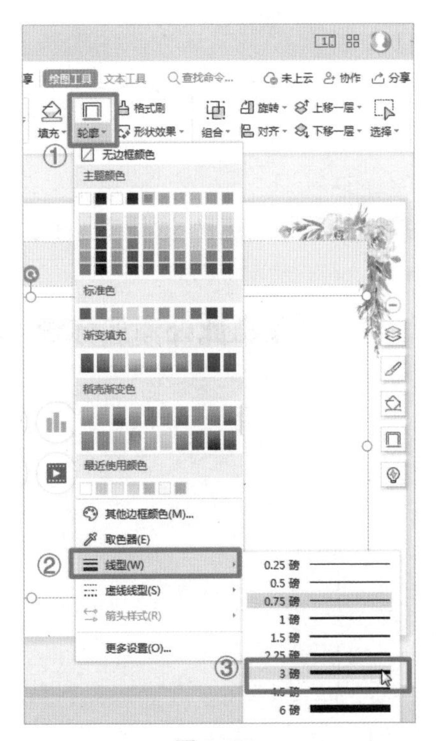

图 8-36

3 保持文本框为选中状态，在【轮廓】下拉列表中选择【虚线线型】选项，并从其子列表中选择合适的线型样式，即可设置文本框的虚线线型，如图8-37所示。

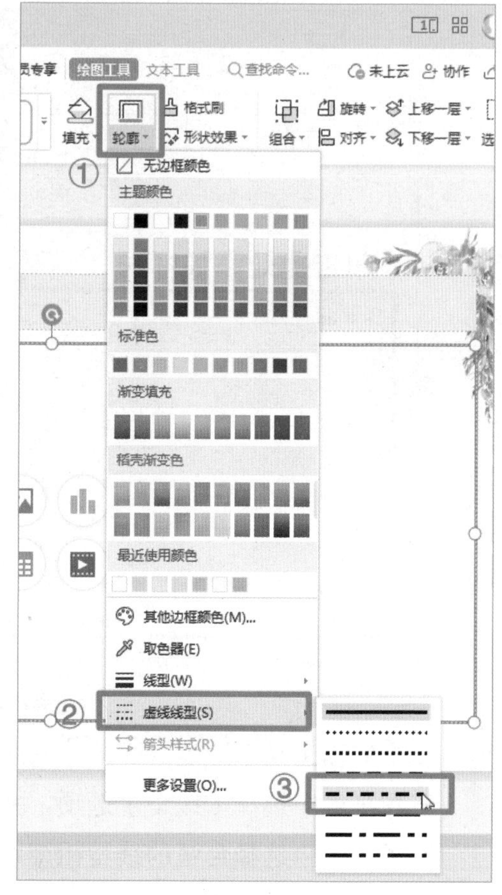

图 8-37

4 设置轮廓后的文本框如图8-38所示。

图 8-38

Chapter

09

第 9 章

幻灯片的丰富化处理

WPS演示是一款功能强大的演示软件，可以对幻灯片进行丰富化处理，例如在幻灯片中插入图片、形状、艺术字、表格、声音等。掌握了幻灯片的丰富化处理技巧，可以使幻灯片看起来更加专业、生动、美观。本章将介绍一些幻灯片丰富化处理的技巧。

学习要点：★学会在幻灯片中插入与编辑图片

★学会在幻灯片中插入与编辑艺术字

★学会在幻灯片中插入声音、视频

9.1 插入与编辑图片

WPS 演示有着强大的图片处理功能，可以将本地文件夹中的图片插入幻灯片中并进行编辑。插入与编辑图片是 WPS 演示中幻灯片丰富化处理的基础操作之一。下面介绍插入与编辑图片的相关操作。

9.1.1 插入图片

在幻灯片中插入图片的方法有三种，可以利用工具栏插入，也可以利用占位符图标插入，还可以利用复制 / 粘贴功能插入。

1.利用工具栏插入

利用工具栏插入图片的操作步骤如下：

1 打开需要插入图片的幻灯片，在【插入】选项卡下单击【图片】下拉按钮，在下拉列表中单击【本地图片】按钮，如图9-1所示。

图 9-1

2 弹出【插入图片】对话框，在本地文件夹中选择要插入的图片，然后单击【打开】按钮，如图9-2所示。

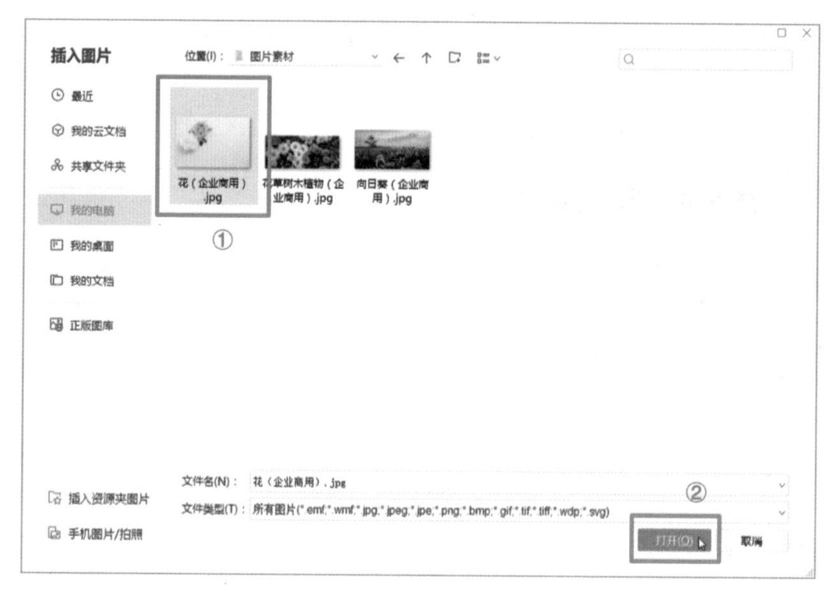

图 9-2

3 图片已经被插入幻灯片中，如图9-3所示。

图 9-3

2.利用占位符图标插入

利用占位符图标插入图片的操作步骤如下：

1 打开需要插入图片的幻灯片，单击占位文本框中的【插入图片】图标，如图9–4所示。

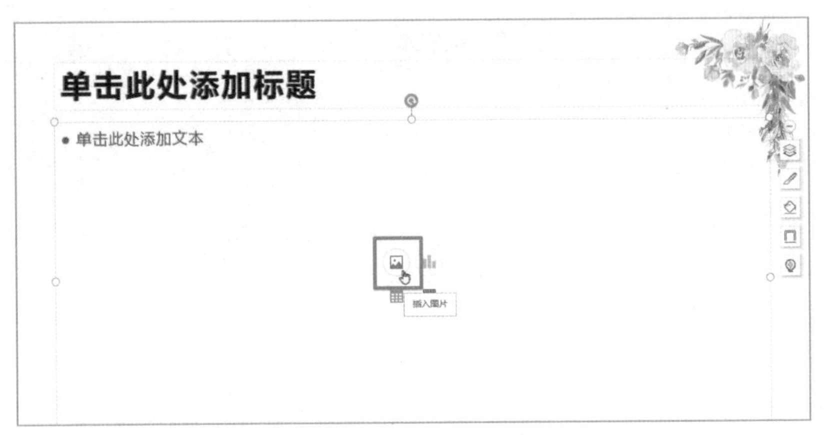

图 9–4

2 弹出【插入图片】对话框，在本地文件夹中选择要插入的图片，然后单击【打开】按钮，如图9–5所示。

图 9–5

3 图片已经被插入幻灯片中，如图9–6所示。

图 9-6

注意：使用占位符插入的图片会被插入占位文本框中，同时其尺寸会受到文本框的限制。

3.利用复制/粘贴功能插入

利用复制 / 粘贴功能插入图片的操作步骤如下：

1 在本地文件夹中找到要插入的图片，用鼠标右键单击该图片，在弹出的快捷菜单中选择【复制】命令，或选中该图片并按下【Ctrl+C】组合键，如图9-7所示。

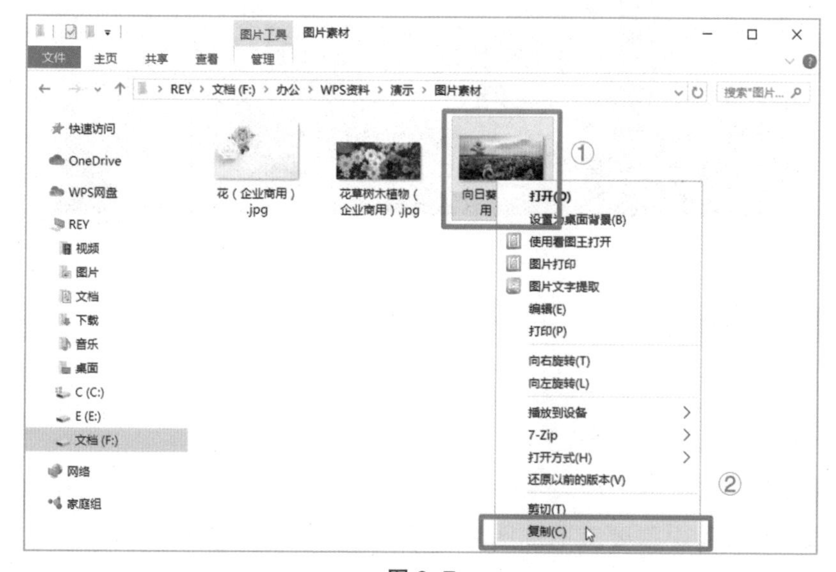

图 9-7

2 打开需要插入图片的幻灯片，在幻灯片中单击鼠标右键，在弹出的快捷菜单中选择【粘贴】命令，或者直接按下【Ctrl+V】组合键，如图9-8所示。

图 9-8

3 图片已经被插入幻灯片中，如图9-9所示。

图 9-9

9.1.2 编辑图片

1.裁剪图片

在幻灯片中裁剪图片的操作步骤如下：

1 选中幻灯片中需要裁剪的图片，单击【图片工具】选项卡下的【裁剪】

按钮。或者直接单击图片左侧快捷按钮中的【⌗】按钮，如图9-10所示。

图 9-10

2 此时图片周围出现许多黑色控制点，将鼠标指针放在控制点上，按住鼠标左键不动并进行拖动，如图9-11所示。

图 9-11

3 拖动到合适的位置后松开鼠标左键，按【Enter】键即可完成裁剪，如图9-12所示。

图 9–12

2.设置图片边框

在幻灯片中给图片设置边框的操作步骤如下：

1 选中需要设置边框的图片，单击【图片工具】选项卡下的【边框】下拉按钮，在其下拉列表中选择一种边框颜色即可为图片添加边框，如图9–13所示。

图 9–13

2 如果需要调整边框粗细，则继续保持图片为选中状态，单击【图片工具】选项卡下的【边框】下拉按钮，在其下拉列表中选择【线型】选项，在其子列表中选择一种线型，如图9-14所示。

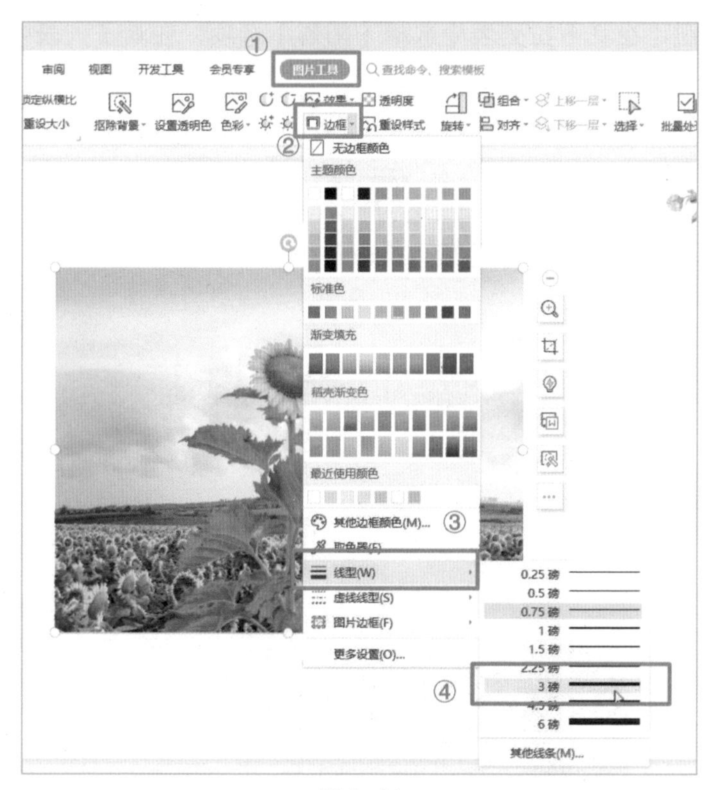

图 9-14

3 效果如图9-15所示。

图 9-15

3.设置阴影效果

在幻灯片中给图片设置阴影效果的操作步骤如下：

1 选中需要设置阴影效果的图片，单击【图片工具】选项卡下的【效果】下拉按钮，在其下拉列表中选择【阴影】选项，在其子列表中选择一种阴影样式，如图9-16所示。

图 9-16

2 如果觉得阴影效果不满意，可以再次单击【图片工具】→【效果】，在其下拉列表中选择【更多设置】命令，如图9-17所示。

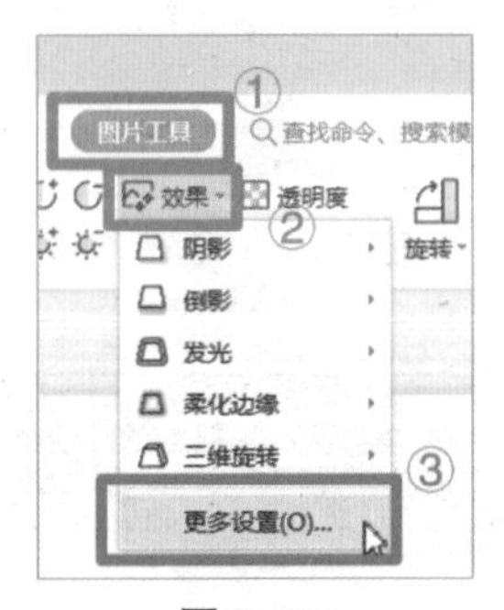

图 9-17

3 弹出【对象属性】窗格，单击【效果】选项卡下的【阴影】下拉按钮，在下方对阴影效果进行相应的设置，如图9–18所示。

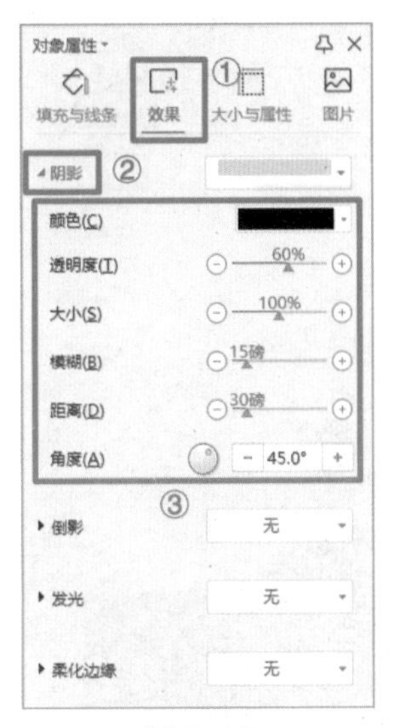

图 9–18

4 设置完阴影效果的图片如图9–19所示。

图 9–19

4.设置倒影效果

在幻灯片中给图片设置倒影效果的操作步骤如下：

1 选中需要设置倒影效果的图片，单击【图片工具】选项卡下的【效果】

下拉按钮，在其下拉列表中选择【倒影】选项，在其子列表中选择一种倒影样式，如图9-20所示。

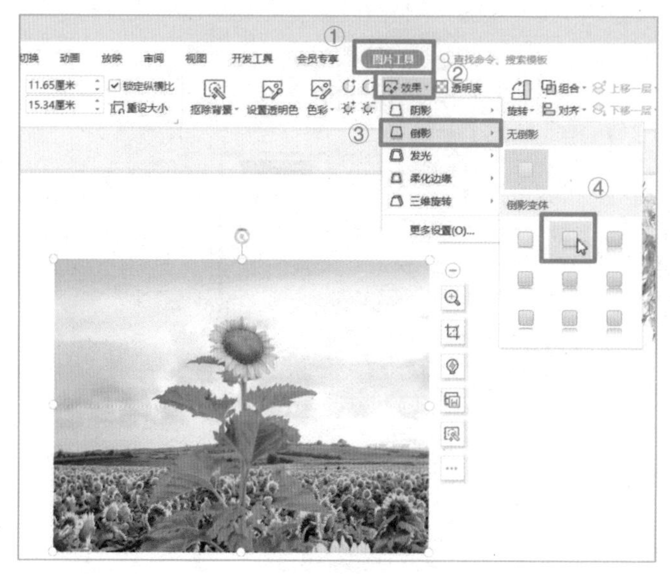

图 9-20

2 如果觉得倒影效果不满意，可以再次单击【图片工具】→【效果】，在其下拉列表中选择【更多设置】命令，在【对象属性】窗格中，单击【效果】选项卡下的【倒影】下拉按钮，在下方对倒影效果进行相应的设置，如图9-21所示。

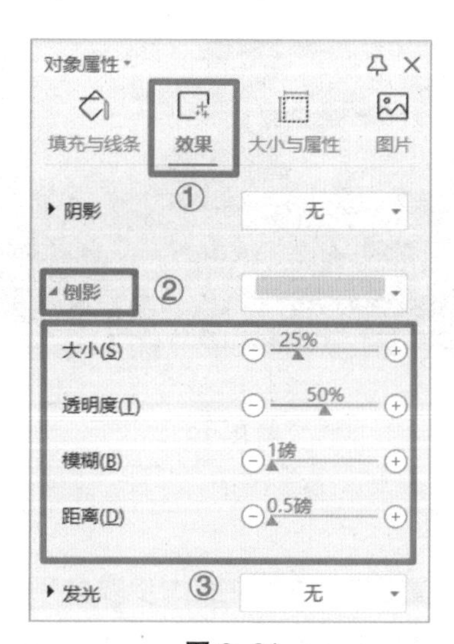

图 9-21

3 设置完阴影效果的图片如图9-22所示。

图 9-22

5.设置三维旋转效果

在幻灯片中给图片设置三维旋转效果的操作步骤如下：

1 选中需要设置三维旋转效果的图片，单击【图片工具】选项卡下的【效果】下拉按钮，在其下拉列表中选择【三维旋转】选项，在其子列表中选择一种三维旋转样式，如图9-23所示。

图 9-23

2 如果觉得三维旋转效果不满意，同样可以在【对象属性】窗格中进行设置，如图9-24所示。

3 设置完三维旋转效果的图片如图9-25所示。

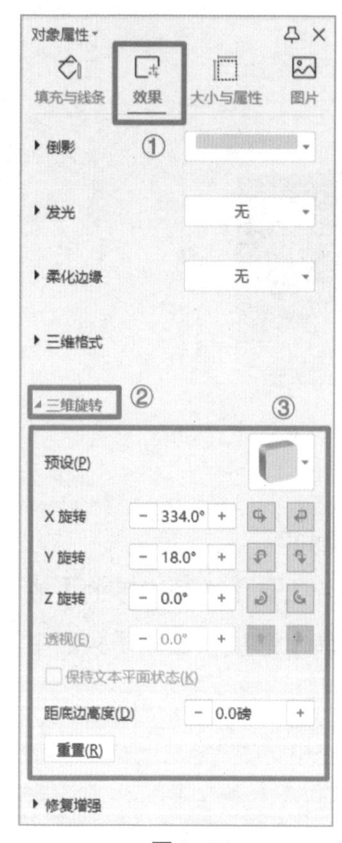

图 9-24

图 9-25

实用贴士

如果用户对图片的编辑效果不满意，想要取消对图片做出的全部编辑，使图片恢复到原始状态，不必反复点击撤销按钮，可以在选中图片后，单击【图片工具】选项卡下的【重设样式】按钮【】即可。

9.2 插入与编辑艺术字

艺术字和形状一样，都可以起到美化幻灯片的作用。艺术字在 WPS 中也被视为图片，因此用户可以像插入与编辑图片一样，在幻灯片中插入与编辑艺术字。下面介绍具体的操作方法。

9.2.1 插入艺术字

插入艺术字的操作步骤如下：

1 打开需要插入艺术字的幻灯片，单击【插入】选项卡下的【艺术字】下拉按钮，在其下拉列表中选择一种艺术字样式，如图9-26所示。

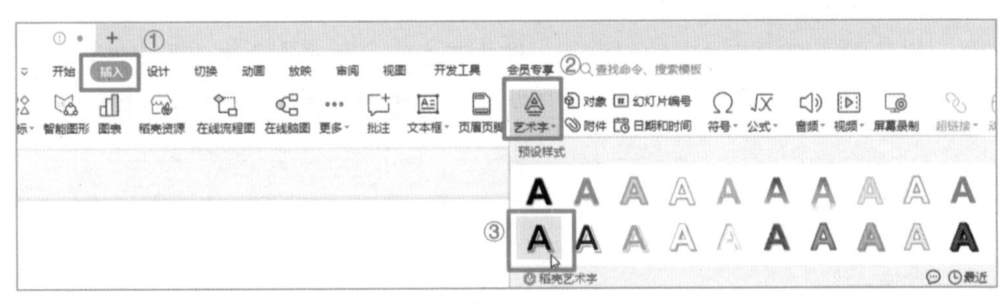

图 9-26

2 幻灯片内插入了艺术字编辑框，如图9-27所示。

图 9-27

3 将鼠标指针移至艺术字编辑框的边缘，当光标变为【 】时按住鼠标左键不放，将艺术字编辑框移动到合适的位置，如图9-28所示。

4 在编辑框内输入文字，效果如图9-29所示。

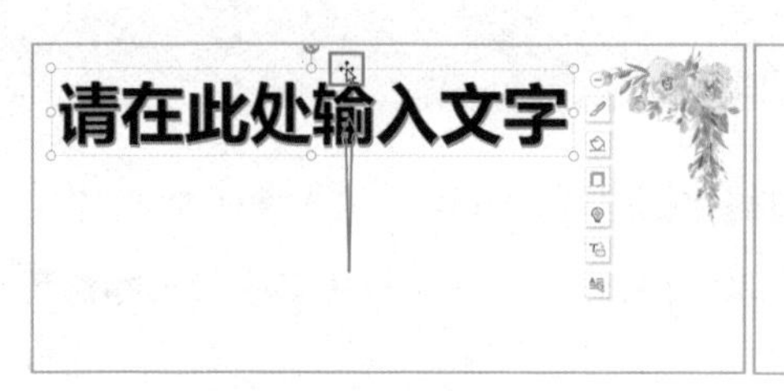

图 9-28

图 9-29

9.2.2 编辑艺术字

在插入艺术字后，就可以进行艺术字的编辑了。编辑艺术字主要包括编辑其字体、字号以及设置填充颜色、文本效果等，下面分别进行讲解。

1.编辑字体字号

编辑字体、字号的操作步骤如下：

1 打开需要编辑艺术字的幻灯片，选中艺术字，单击【文本工具】选项卡下的【字体】下拉按钮，在其下拉列表中选择一种字体，如图9-30所示。

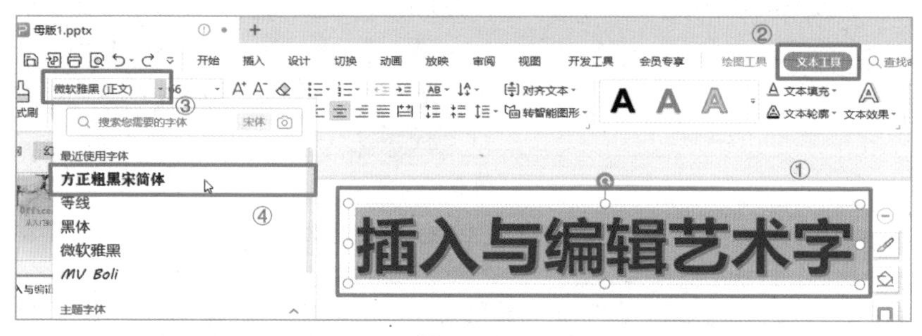

图 9-30

2 再单击【字号】下拉列表，选择一种字号，如图9-31所示。

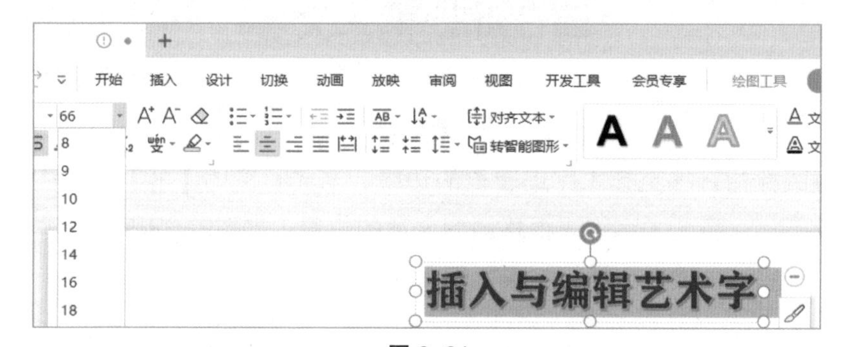

图 9-31

3　设置完毕，效果如图9-32所示。

插入与编辑艺术字

图 9-32

2.设置填充颜色

设置填充颜色的操作步骤如下：

1　选中需要填充颜色的艺术字，单击【文本工具】选项卡下的【文本填充】下拉按钮，在其下拉列表中选择一种颜色，如图9-33所示。

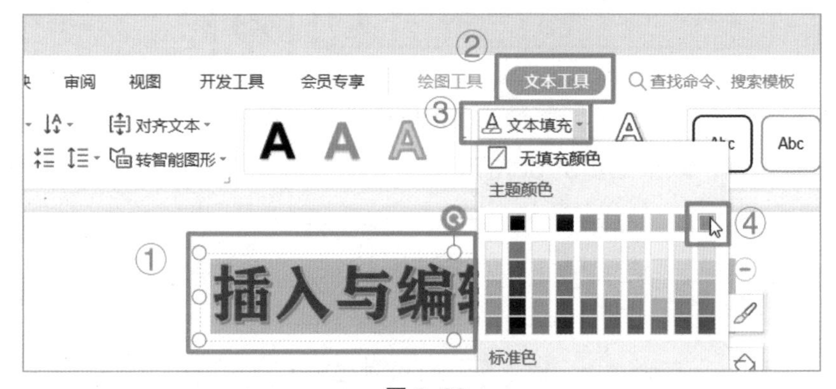

图 9-33

2　设置完毕，效果如图9-34所示。

图 9-34

3.设置文本效果

设置文本效果的操作步骤如下：

1 选中需要设置文本效果的艺术字，单击【文本工具】选项卡下的【文本效果】下拉按钮，在其下拉列表中选择【转换】选项，再在其子列表中选择一种文本效果，如图9-35所示。

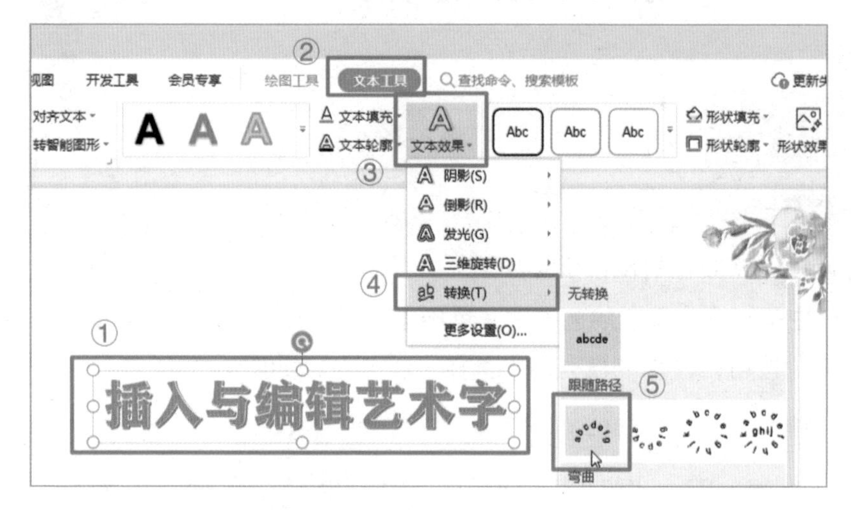

图 9-35

2 设置完毕，效果如图9-36所示。

图 9-36

与图片相同，艺术字也可以设置阴影、倒影、发光、三维旋转等特殊效果。用户只需选中艺术字，单击【绘图工具】选项卡下的【文本效果】下拉按钮，在其下拉列表中即可设置各类特殊效果。

9.3 插入声音、视频

演讲者为了使演示文稿的内容更加丰富和生动，常常会在演示文稿中插入声音、视频。这些内容都有可能使演示文稿给他人留下深刻的印象。下面介绍在演示文稿中插入声音、视频的相关操作。

9.3.1 在幻灯片中插入声音

为了使演示文稿更具观赏性，可以在幻灯片内插入声音或背景音乐，操作步骤如下：

1 打开需要插入声音的幻灯片，在【插入】选项卡下，单击【音频】下拉按钮，在其下拉列表中选择【嵌入背景音乐】选项，如图9-37所示。

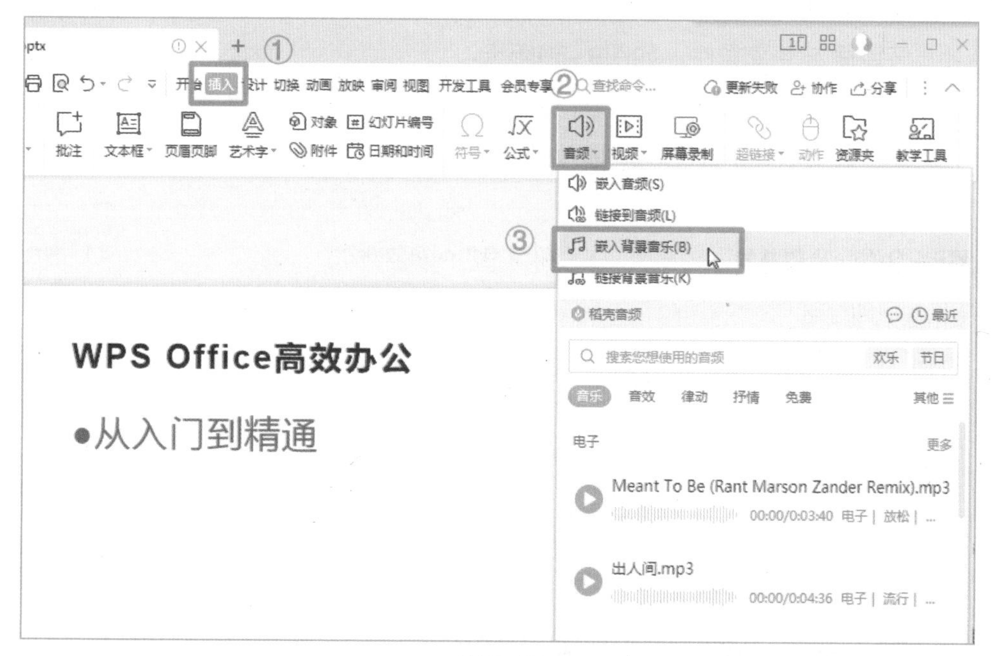

图 9-37

2 弹出【从当前页插入背景音乐】对话框，在本地文件夹中选择一段音频文件，单击【打开】按钮，如图9-38所示。

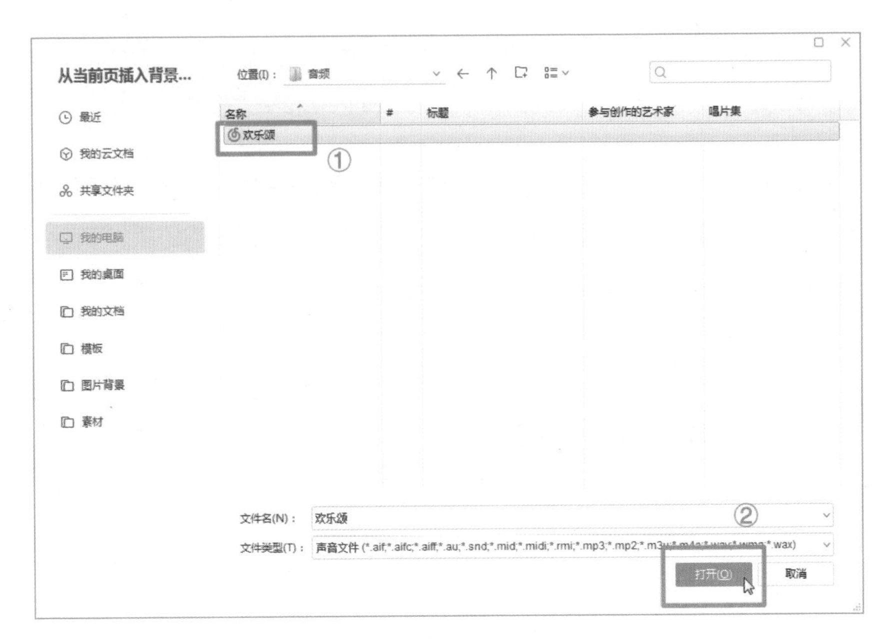

图 9–38

3 返回演示文稿，此时在幻灯片内出现了一个【 】图标，说明幻灯片内已经插入声音文件，如图9–39所示。

4 鼠标左键按住音频图标不放，将其移到合适的位置，想要播放音频，只需单击音频图标下最左侧的播放键即可，如图9–40所示。

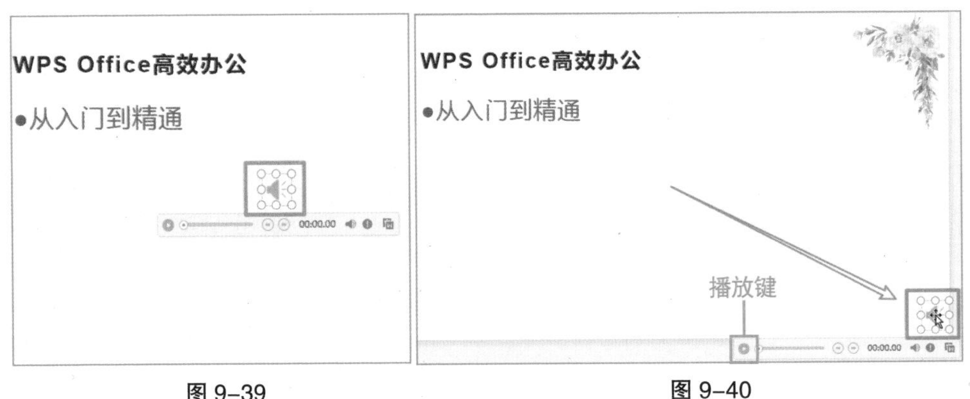

图 9–39　　图 9–40

9.3.2 在幻灯片中插入视频

在幻灯片内插入视频的操作步骤如下：

1 打开需要插入视频的幻灯片，在【插入】选项卡下，单击【视频】下拉

按钮，在其下拉列表中选择【嵌入视频】选项，如图9-41所示。

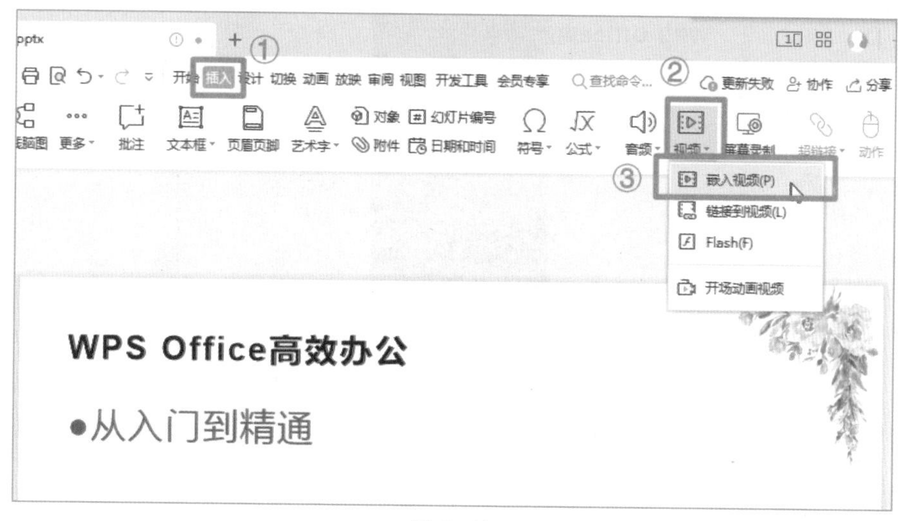

图 9-41

2 弹出【插入视频】对话框，在本地文件夹中选择一个视频文件，单击【打开】按钮，如图9-42所示。

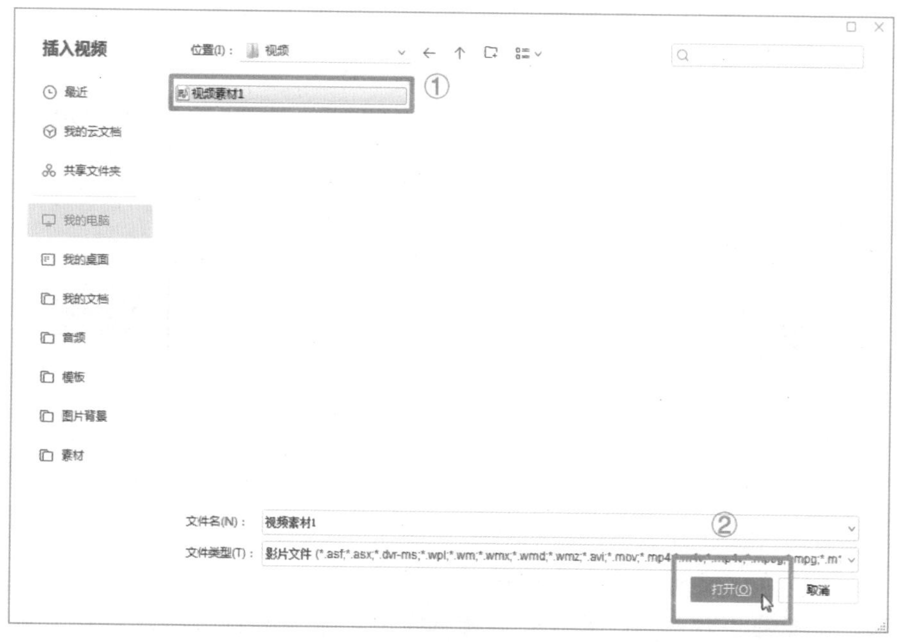

图 9-42

3 返回演示文稿，此时在幻灯片内出现视频播放界面，如图9-43所示。

图 9-43

4 如果觉得视频播放界面太大，可以将鼠标指针放在播放界面周围的控制点上，按住鼠标左键不放并拖动即可调整播放界面的大小，如图9-44所示。

5 鼠标左键按住视频播放界面不放，将其移到合适的位置，如图9-45所示。

图 9-44

图 9-45

实用贴士

在播放幻灯片中的视频时，如果用户想要使用全屏播放视频，只需选中视频后，在【视频工具】选项卡下勾选【全屏播放】复选框即可。如果不勾选，那么视频将以在幻灯片中显示的大小进行播放。

Chapter

10

第10章 幻灯片动画与放映

导读 ▷

幻灯片可以通过视觉化的方式传达信息和观点，使演讲更加生动、有趣，帮助观众更好地理解内容。WPS演示可以在幻灯片中添加各种动画效果，以使演示文稿变得更加生动、吸引人。本章将介绍一些在幻灯片中加入动画以及放映幻灯片的技巧。

学习要点：★学会设置幻灯片的动画效果

★学会设置幻灯片的切换效果

★掌握放映演示文稿的基本方法

10.1 设置幻灯片的动画效果

WPS 演示可以添加多种不同的动画效果，包括进入动画、强调动画、退出动画、路径动画等。每种动画效果都有多种不同的变化方式。此外，WPS 演示还支持多种触发方式，可以让动画效果更加生动、有趣。下面介绍为幻灯片设置动画效果的方法。

10.1.1 设置进入动画

进入动画指的是幻灯片中的对象（如文本、图片、形状等）进入幻灯片时的动画效果。

为对象设置进入动画的操作步骤如下：

1. 选中需要设置进入动画的对象，单击【动画】选项卡下的【▾】下拉按钮，如图10–1所示。

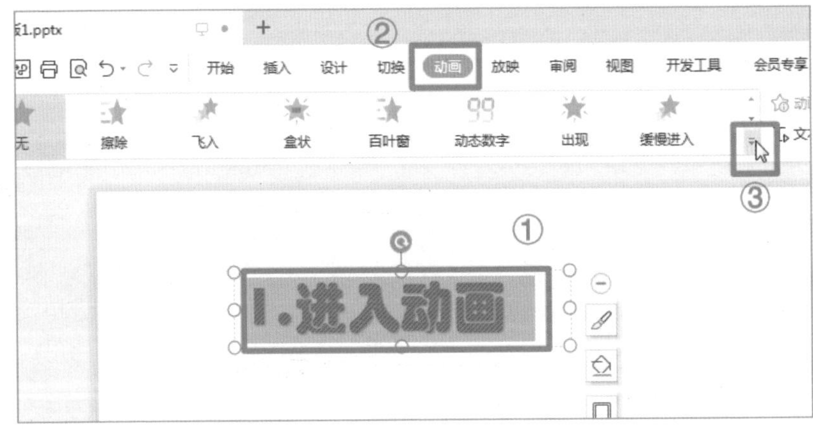

图 10–1

2. 在弹出的面板中，选择【进入】选项组下的一种动画样式，如【擦除】样式，如图10–2所示。
3. 添加完成后，对象会自动播放一次所选的动画效果，如图10–3所示。

图 10-2

图 10-3

10.1.2 设置强调动画

强调动画是指在幻灯片中添加一些特效，如文字出现、图片缩放、背景渐变等，以强调或突出幻灯片中的某些内容。

为对象设置强调动画的操作步骤如下：

1 选中需要设置强调动画的对象，单击【动画】选项卡下的【▼】下拉按钮，如图10-4所示。

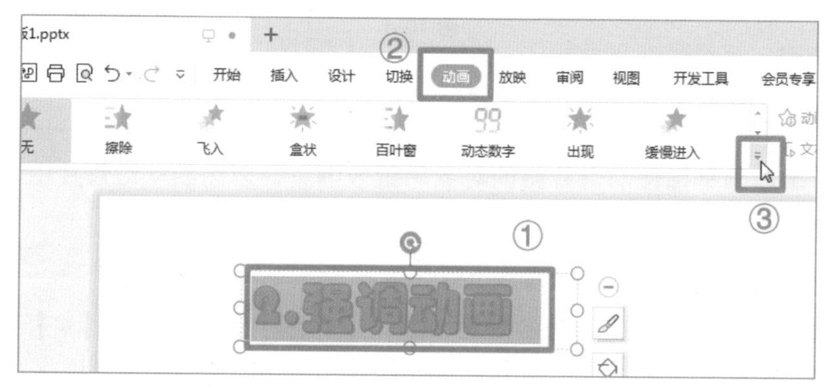

图 10-4

2 在弹出的面板中，选择【强调】选项组下的一种动画样式，如【陀螺旋】样式，如图10–5所示。

图 10–5

3 添加完成后，对象会自动播放一次所选的动画效果，如图10–6所示。

图 10–6

10.1.3 设置退出动画

退出动画是指使幻灯片中的对象隐藏或消失，以达到从幻灯片中退出的效果。

为对象设置退出动画的操作步骤如下：

1 选中需要设置退出动画的对象，单击【动画】选项卡下的【▼】下拉按钮，如图10–7所示。

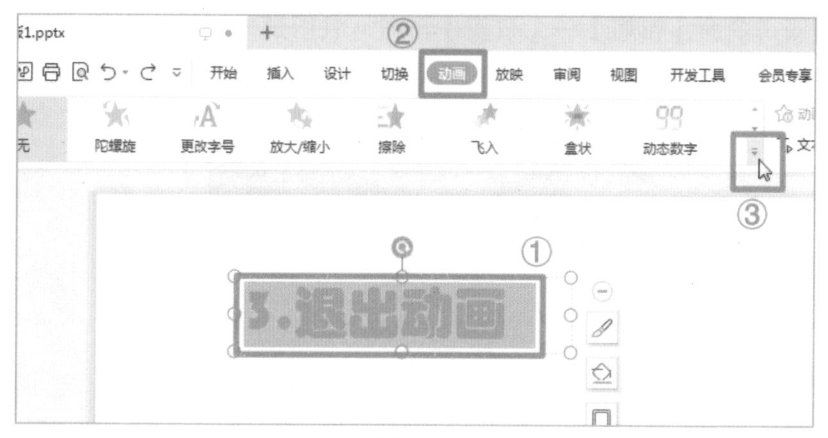

图 10-7

2 在弹出的面板中，选择【退出】选项组下的一种动画样式，如【菱形】样式，如图10-8所示。

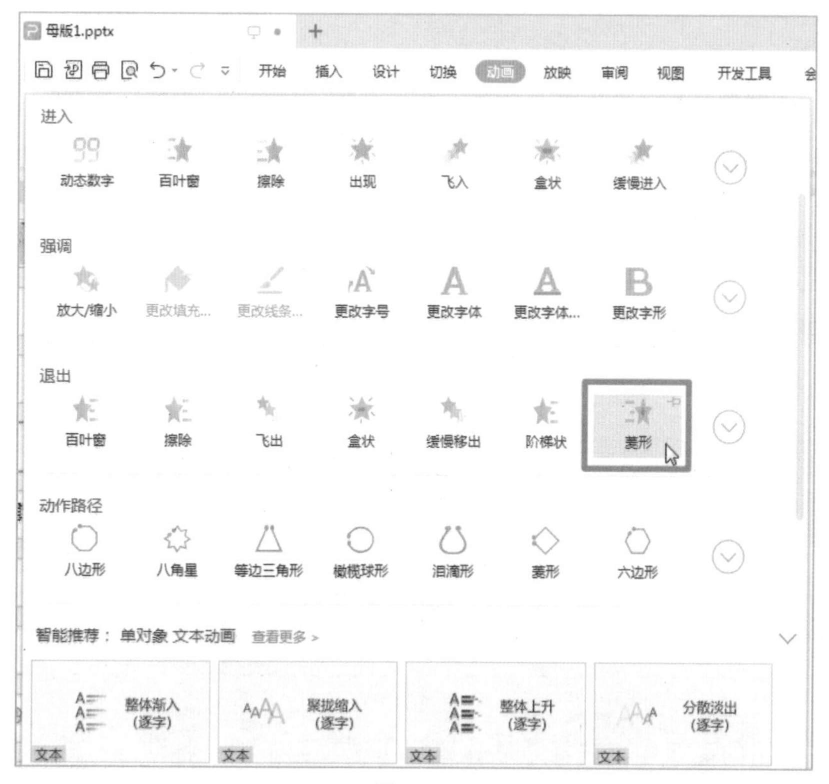

图 10-8

3 添加完成后，对象会自动播放一次所选的动画效果，如图10-9所示。

图 10-9

10.1.4 设置路径动画

路径动画可以让幻灯片中的某个对象沿着一个预先定义好的路径移动或变形。路径可以是曲线、直线、自定义形状等。

1.预设路径动画

为对象设置路径动画的操作步骤如下：

1. 选中需要设置路径动画的对象，单击【动画】选项卡下的【▾】下拉按钮，如图10-10所示。

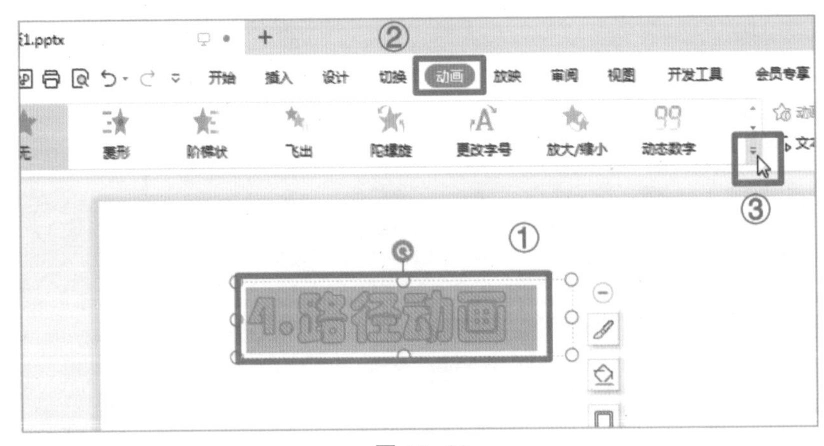

图 10-10

2. 在弹出的面板中，选择【动作路径】选项组下的一种动画样式，如【等边三角形】样式，如图10-11所示。

图 10-11

3 添加完成后，对象会自动播放一次所选的动画效果，如图10-12所示。

图 10-12

2.自定义路径动画

除了预设的路径动画，用户也可以自定义一个路径，操作步骤如下：

1 选中需要设置路径动画的对象，单击【动画】选项卡下的【▾】下拉按钮，如图10-13所示。

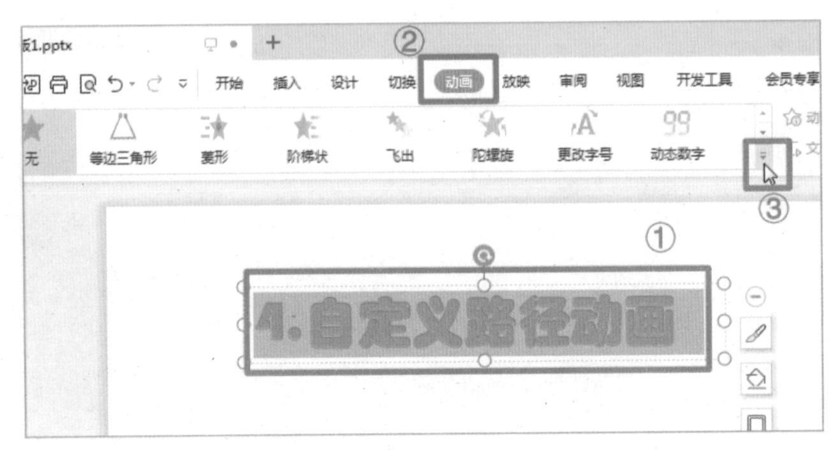

图 10–13

2 在弹出的面板中，选择【绘制自定义路径】选项组下的一种动画样式，如【自由曲线】样式，如图10–14所示。

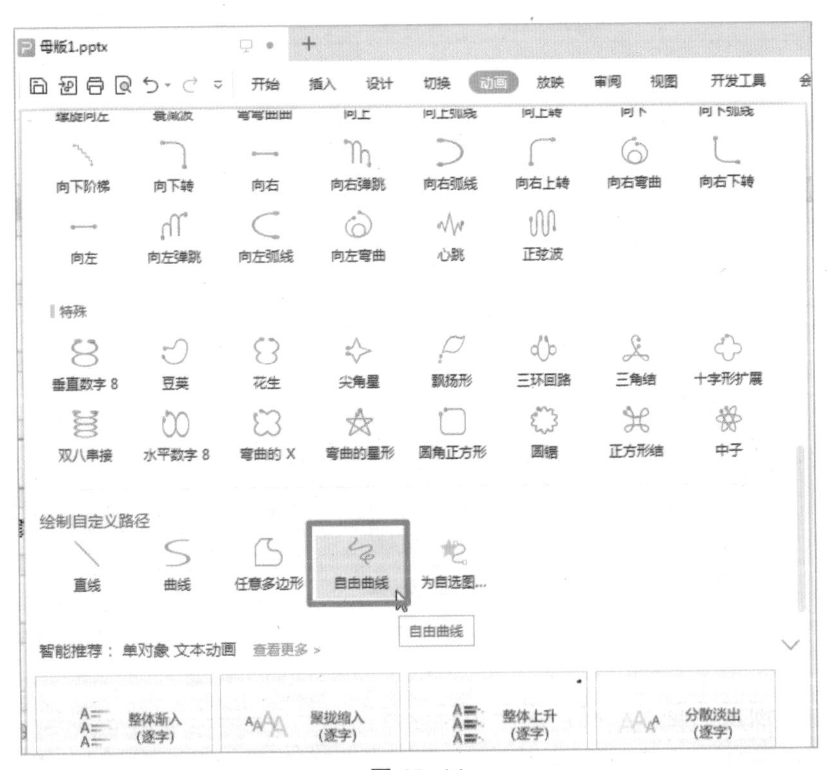

图 10–14

3 此时，鼠标指针变为【 ✎ 】形状，在幻灯片中绘制一个动作路径，如图10–15所示。

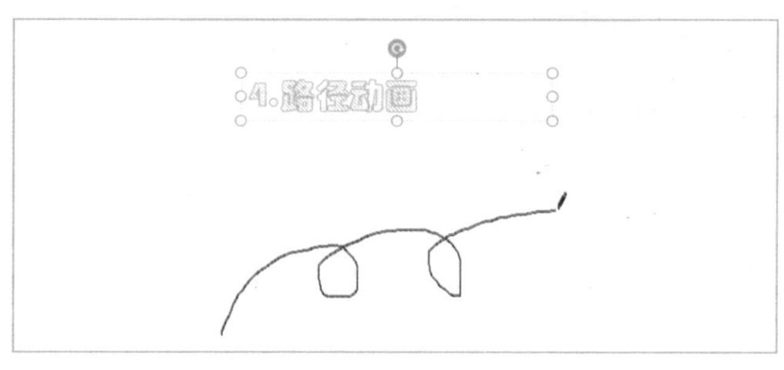

图 10-15

4 绘制完成后，动作路径如图10-16所示，目标会按照该动作路径自动播放一次路径动画。

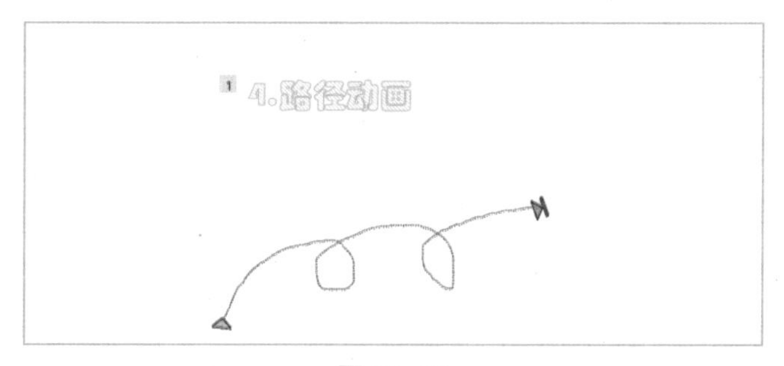

图 10-16

实用贴士

WPS 演示中，每种预设的动画效果都不是一成不变的，用户可以在选中添加了动画的对象后，在【动画】选项卡下设置该动画效果的播放时间、持续时间以及延迟时间。另外，针对不同类型的动画，用户也可以进行专门的设置，只需单击【动画】选项卡下的【动画窗格】按钮，在弹出的【动画窗格】窗格中进行更多设置。

10.1.5 设置组合动画

组合动画是指将多种动画效果组合在一起，使它们同时或依次出现，从而达到更加复杂和生动的效果。

为对象设置组合动画的操作步骤如下：

1 选中需要设置组合动画的对象，在【动画】选项卡中为其添加一种动画效果，如【飞入】动画效果，如图10–17所示。

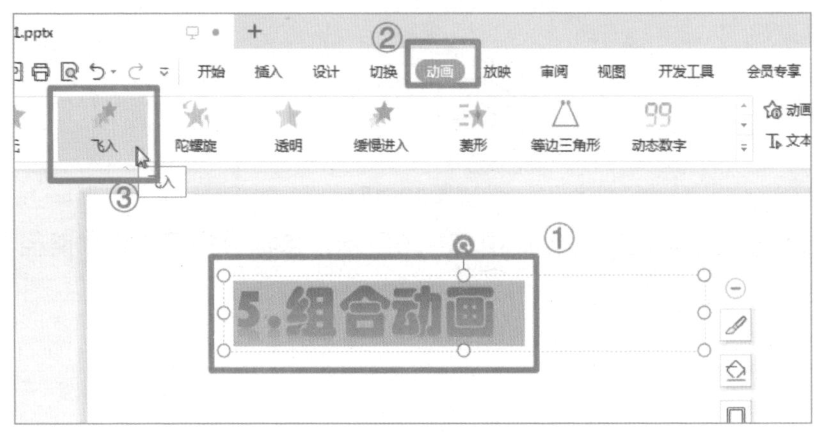

图 10–17

2 继续在【动画】选项卡下，单击【动画窗格】按钮，如图10–18所示。

图 10–18

3 弹出【动画窗格】窗格，单击【添加效果】下拉按钮，在其下拉面板中选择【强调】选项组下的【陀螺旋】动画样式，如图10–19所示。

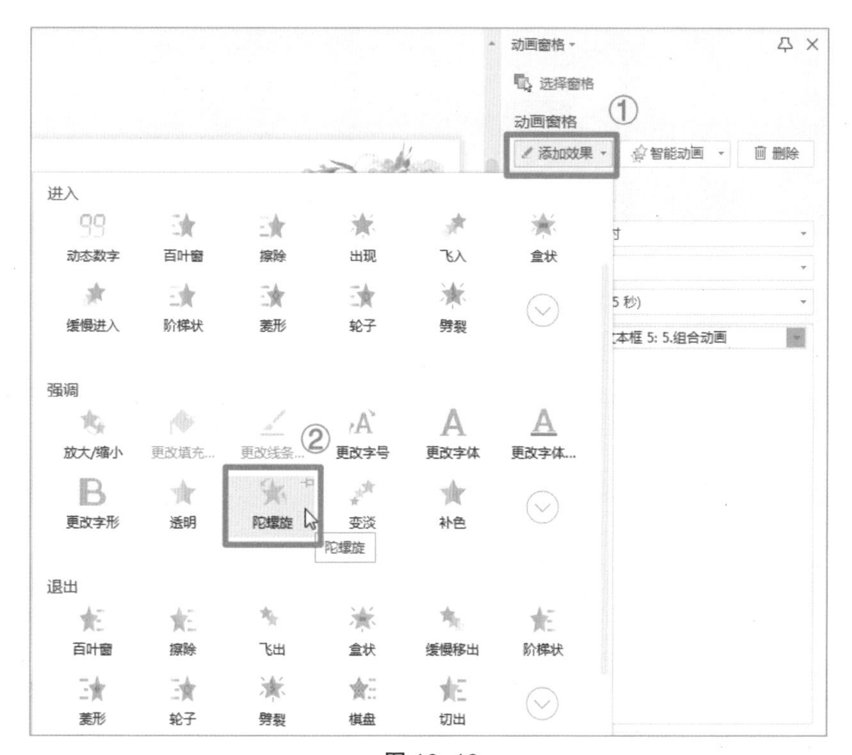

图 10-19

4 在【动画窗格】窗格中，单击第一个动画效果，对该动画效果的开始方式、方向、速度进行设置。然后再单击第二个动画效果，也进行相应的设置，如图10-20和10-21所示。

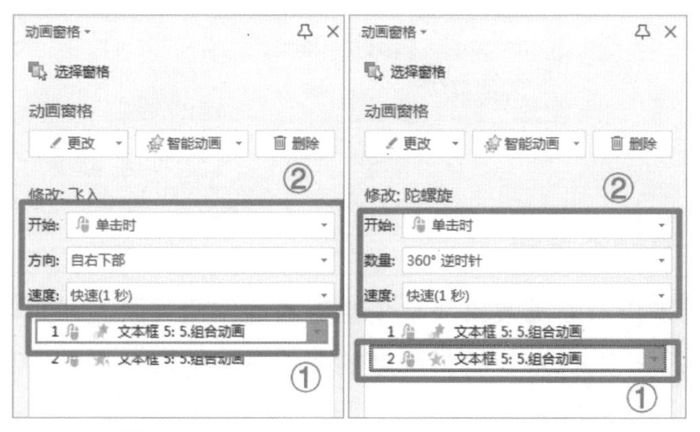

图 10-20　　图 10-21

5 两种动画效果都设置完毕后，单击【动画窗格】窗格下方的【播放】按钮，如图10-22所示，即可看到组合动画效果。

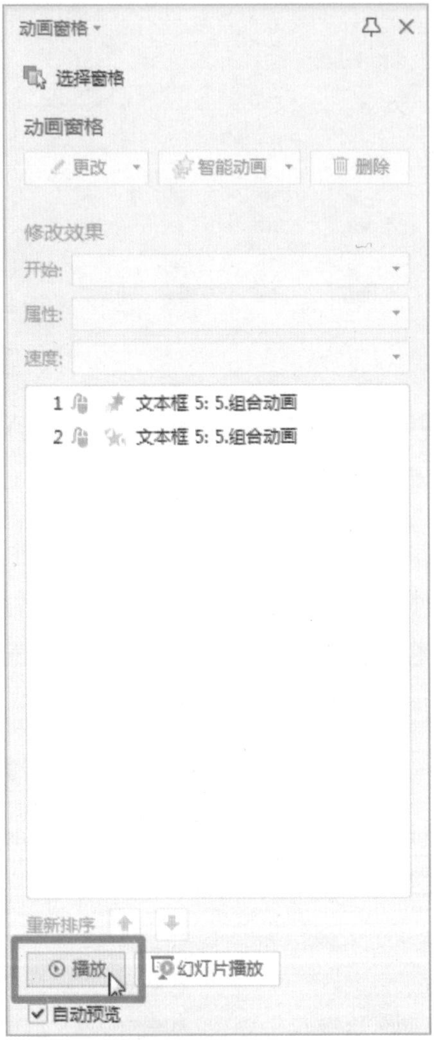

图 10-22

10.1.6 设置触发动画

触发动画是指将动画效果与某个特定的动作相关联，例如单击鼠标或按下键盘等。当这个动作发生时，触发动画效果就会被激活，从而展示相应的动画效果。

为对象设置触发动画效果的操作步骤如下：

1 打开一张幻灯片，在幻灯片中插入一段文本和一张图片，如图10-23

所示。

图 10-23

2 选中图片，在【动画】选项卡中单击【动画窗格】按钮，如图10-24所示。

图 10-24

3 弹出【动画窗格】窗格，单击【选择窗格】按钮，如图10-25所示。

4 弹出【选择窗格】窗格，在【本页的对象】文本框中，可以看到幻灯片中图片及文本框的名字，将图片命名为“故宫”，将文本框命名为“触发动画”，如图10-26所示。

图 10-25

图 10-26

5 选中图片，在【动画窗格】窗格中单击【添加效果】下拉按钮，在拓展列表中选择一种动画样式，如【飞入】样式，如图10-27所示。

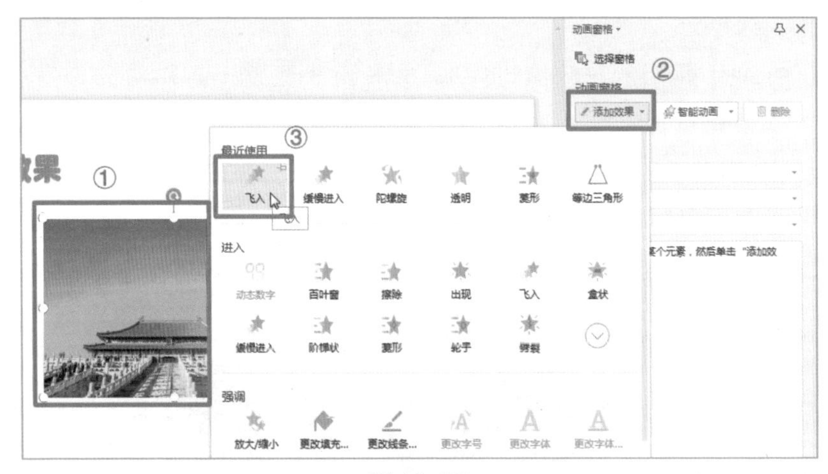

图 10-27

6 仍然在【动画窗格】窗格中，单击【故宫】选项右侧的下拉按钮，在其下拉列表中选择【计时】选项，如图10-28所示。

7 弹出【飞入】对话框，在【计时】选项卡下单击【触发器】按钮，单击【单击下列对象时启动效果】单选按钮，在右侧下拉列表中选择【触发动画】选项，单击【确定】按钮，如图10-29所示。

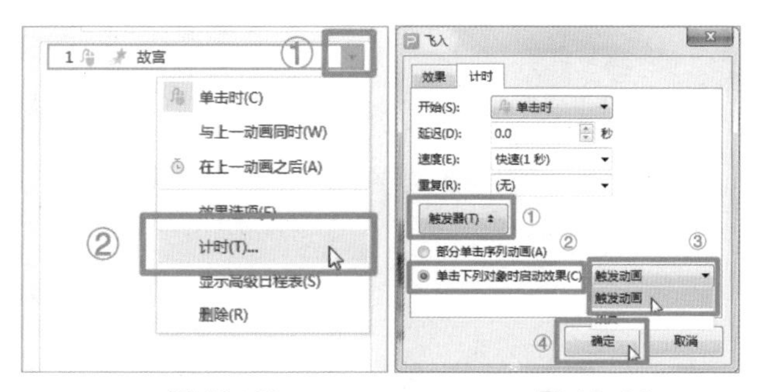

图 10-28　　　　图 10-29

8 回到幻灯片界面，在左侧的导航窗格中单击【当页开始】按钮，播放幻灯片，如图10-30所示。

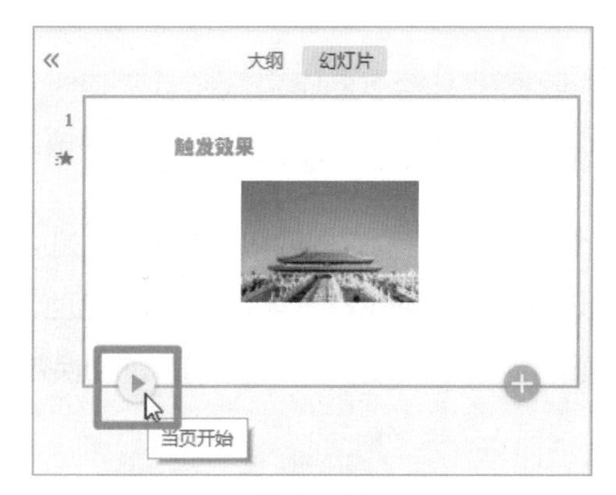

图 10-30

9 可以看到在放映状态下，图片没有显示出来，将鼠标指针移动到文本框上，鼠标指针变为【 】形状时，单击鼠标左键，如图10-31所示。

图 10-31

10 动画效果被触发，图片进入幻灯片中，如图10-32所示。

图 10-32

10.2 设置幻灯片的切换效果

幻灯片切换效果指的是幻灯片之间的切换方式，例如从左向右滑动、从上向下滑动、淡入淡出等。WPS 演示提供了多种幻灯片切换效果，可以让用户的演示更加生动、吸引人。下面将介绍设置幻灯片的切换效果的相关操作。

10.2.1 添加切换效果

为幻灯片添加切换效果的操作步骤如下：

1 打开需要添加切换效果的演示文稿，在左侧的导航窗格中选中一张幻灯片，单击【切换】选项卡下的【▼】下拉按钮，如图10-33所示。

图 10-33

2 在其下拉列表中选择一种切换效果，如图10-34所示。

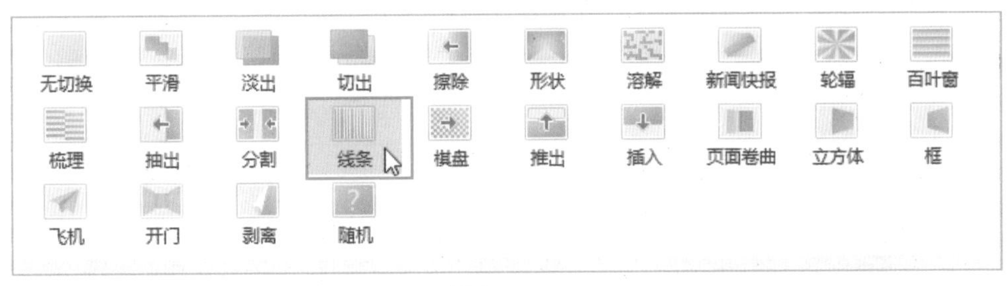

图 10-34

3 切换效果添加完成，放映幻灯片，切换幻灯片时的动画效果如图10-35所示。

图 10-35

10.2.2 设置切换效果参数

设置切换效果参数的操作步骤如下：

1 打开需要设置切换效果参数的幻灯片，单击【切换】选项卡下的【效果选项】下拉按钮，在其下拉列表中选择一种切换效果，如【水平】效果，如图10-36所示。

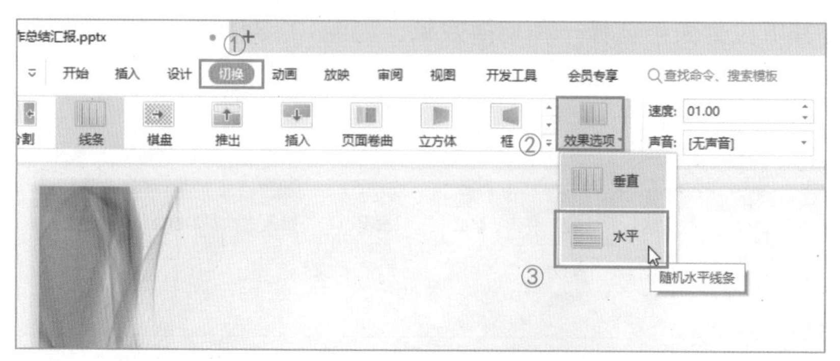

图 10–36

2 在【切换】选项卡下，在【速度】文本框中输入切换效果播放的时间（以秒为单位）；在【声音】下拉列表中选择一种声音作为幻灯片切换时的音效；如果勾选【单击鼠标时换片】复选框，在放映时，单击鼠标左键会切换下一张幻灯片，如果勾选【自动换片】复选框，则需要在右侧的文本框中输入时间（以秒为单位），让幻灯片以特定的时间间隔自动切换，如图10–37所示。

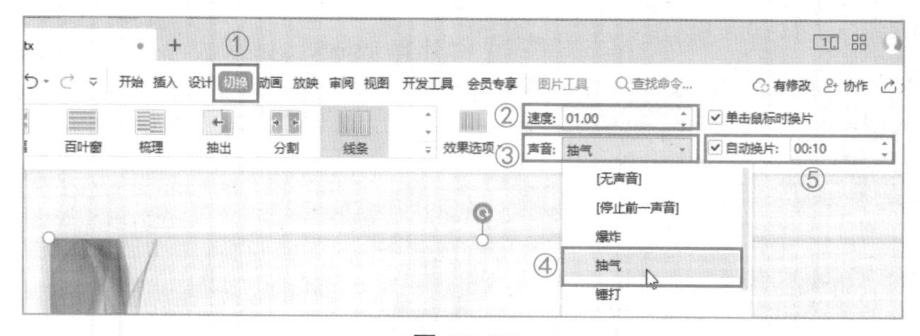

图 10–37

实用贴士

如果用户想要将设置的页面切换效果应用到所有幻灯片上，不必给每一页幻灯片单独设置切换效果，只需在【切换】选项卡中选择想要应用的切换效果，然后单击【应用到全部】按钮。这样，所有的幻灯片的切换效果就会被统一设置为同一个。这个功能可以让用户在制作幻灯片时更加高效，省去了逐个设置幻灯片切换效果的麻烦。

10.3 放映演示文稿的相关设置

制作幻灯片的主要目的是用于放映演示。放映之前，用户要对演示文稿进行一系列的设置，以提高演示效果，更好地向观众传达信息。下面介绍放映演示文稿前需要进行的相关设置。

10.3.1 设置放映方式

设置幻灯片的放映方式包括设置幻灯片的放映类型、放映选项、幻灯片放映范围以及换片方式，下面依次进行介绍。

1.设置放映类型

放映类型有两种，分别是“演讲者放映（全屏幕）”和“展台自动循环放映（全屏幕）”，这两种放映方式都是全屏幕放映，但两者有一些区别，具体介绍如下：

◆演讲者放映（全屏幕）：即手动放映模式，在此放映模式下，演讲者需要根据自己的演示节奏、内容的不同，手动控制幻灯片的切换。

◆展台自动循环放映（全屏幕）：即自动放映模式，在此放映模式下，幻灯片会自动切换，不需要手动进行控制，但演讲者可以通过动作按钮、超链接进行切换。如果选择此放映模式，演讲者需要提前设置好切换时长和顺序等参数。

设置放映类型的操作步骤如下：

1 打开需要设置放映方式的演示文稿，单击【放映】选项卡下的【放映设置】下拉按钮，在其下拉列表中选择【放映设置】选项，如图10-38所示。

2 弹出【设置放映方式】对话框，在【放映类型】选项组下勾选需要的放映类型的复选框即可，如【演讲者放映（全屏幕）】复选框，单击【确定】按钮，如图10-39所示。

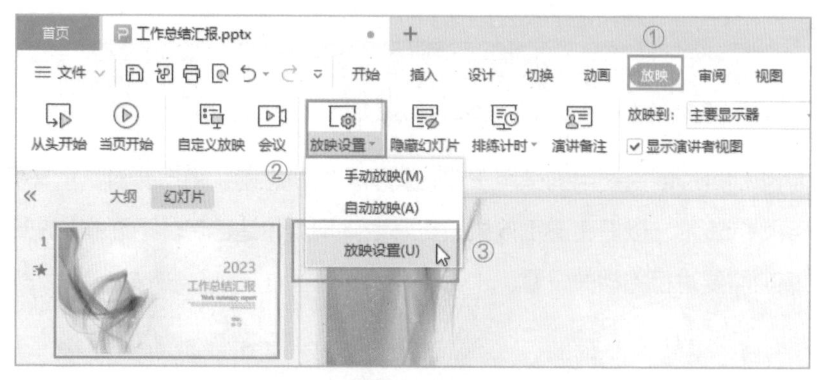

图 10-38

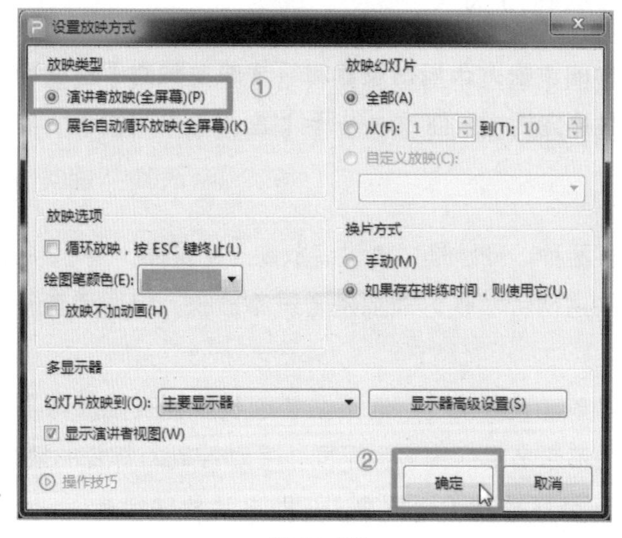

图 10-39

2.设置放映选项

放映选项有两种，分别是“循环放映”和“放映不加动画”，具体介绍如下：

◆循环放映：指在播放完所有幻灯片后，自动重新开始播放第一张幻灯片。幻灯片会循环播放，直到手动停止或演示结束。

◆放映不加动画：指在放映幻灯片时，不播放任何幻灯片动画效果，幻灯片直接切换到下一张。

设置放映选项的操作步骤如下：

1 依次单击【放映】→【放映设置】→【放映设置】选项。

2 弹出【设置放映方式】对话框，在【放映选项】选项组下勾选需要的放映选项的复选框即可，如【循环放映，按ESC键终止】复选框，单击【确定】按钮，如图10-40所示。

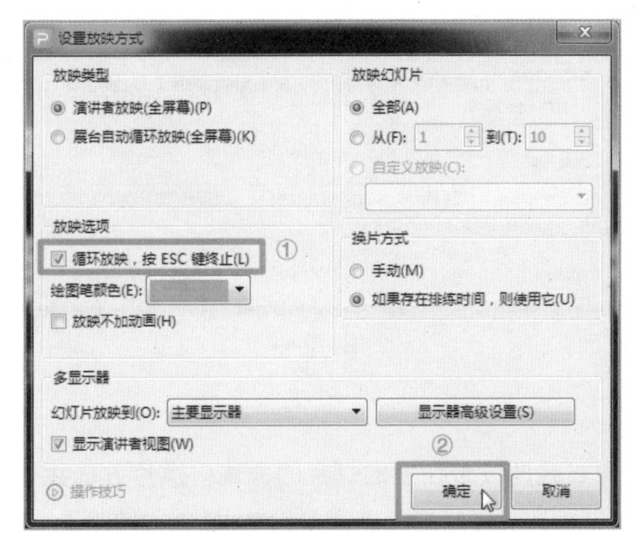

图 10-40

3.设置幻灯片放映范围

设置幻灯片放映范围可以帮助用户控制幻灯片放映的内容和顺序。例如，如果只想放映演示文稿中的某几页，而不想删除其他幻灯片，就可以通过设置放映范围来解决。

设置放映选项的操作步骤如下：

1 依次单击【放映】→【放映设置】→【放映设置】选项。

2 弹出【设置放映方式】对话框，在【放映幻灯片】选项组下勾选需要放映的范围。如果想放映全部幻灯片，则勾选【全部】复选框；如果只想放映一部分幻灯片，则勾选【从……到……】单选框，并在右侧数值框中输入想要放映的幻灯片的页数范围，单击【确定】按钮，如图10-41所示。

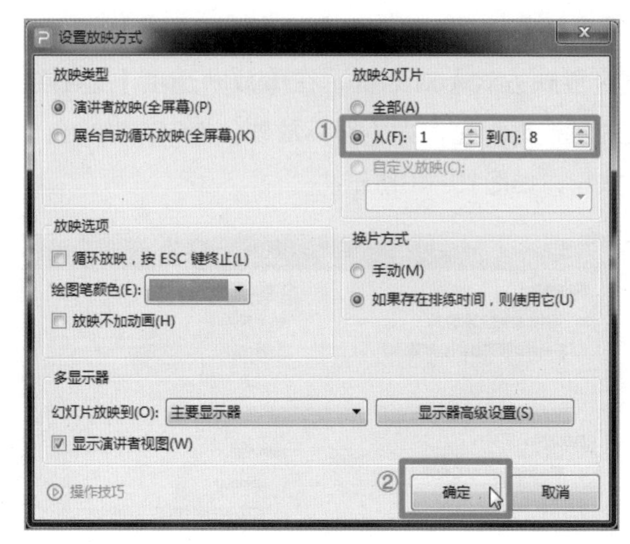

图 10–41

4.设置换片方式

设置换片方式就是设置切换幻灯片的方式，换片方式共有两种，分别是“手动”和“如果存在排练时间，则使用它”，具体介绍如下：

◆手动：换片方式是指在放映过程中，用户需要手动点击鼠标或者按空格键来切换幻灯片。

◆如果存在排练时间，则使用它：指在演示开始前，用户设置每张幻灯片的显示时间，WPS 演示会根据设置的时间自动切换幻灯片。

设置换片方式的操作步骤如下：

1 依次单击【放映】→【放映设置】→【放映设置】选项。

2 弹出【设置放映方式】对话框，在【换片方式】选项组下勾选需要的换片方式，如【如果存在排练时间，则使用它】方式，单击【确定】按钮，如图10–42所示。

3 如果勾选了【如果存在排练时间，则使用它】单选框则需要设置幻灯片的显示时间，单击【切换】选项卡，在【自动换片】选项右侧的文本框中输入时间（以秒为单位），然后单击【应用到全部】按钮即可，如图10–43所示。

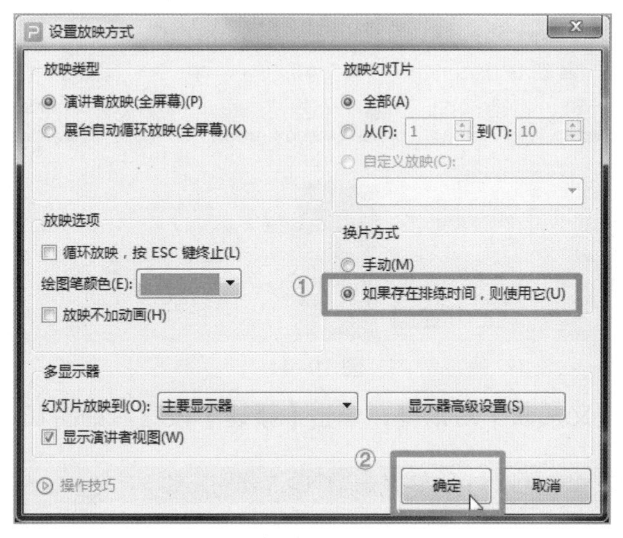

图 10–42

图 10–43

实用贴士

有时候，演示文稿内的幻灯片很多，如果在编辑完某一页幻灯片后，想要从第一页开始放映，往往需要不断向上翻找。其实不必这么麻烦，只需按下【F5】键即可从演示文稿的第一页开始放映。如果想要快速查看当前幻灯片的放映效果，按下【Shift+F5】组合键即可。

10.3.2 自定义放映

有时，用户想要放映演示文稿内不连续的几张幻灯片，比如第 1、3、5 页，设置幻灯片放映范围无法满足这种需求，此时可以通过自定义放映功能来自定义幻灯片的播放范围，操作步骤如下：

1 打开需要设置自定义放映的演示文稿，单击【放映】选项卡下的【自定义放映】按钮，如图10–44所示。

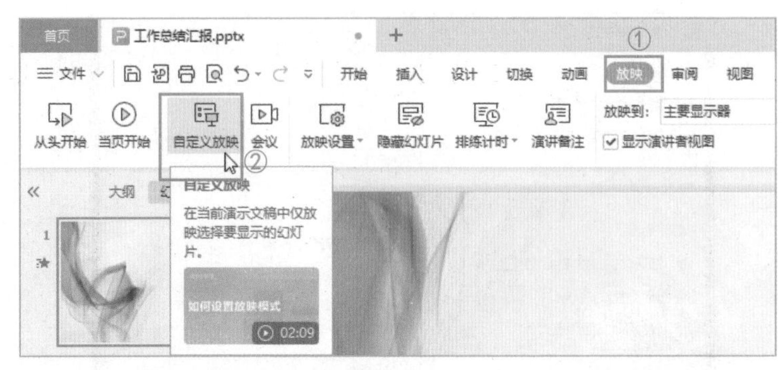

图 10-44

2 弹出【自定义放映】对话框，单击【新建】按钮，如图10-45所示。

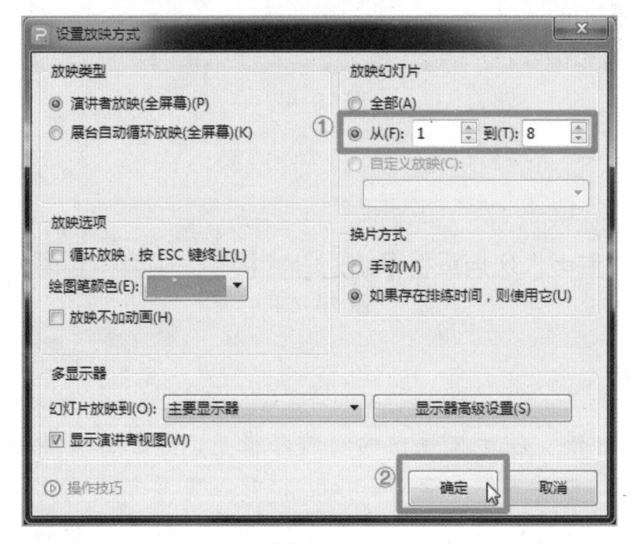

图 10-45

3 弹出【定义自定义放映】对话框，在【在演示文稿中的幻灯片】列表框中单击选择需要放映的幻灯片，然后单击【添加】按钮，如图10-46所示。

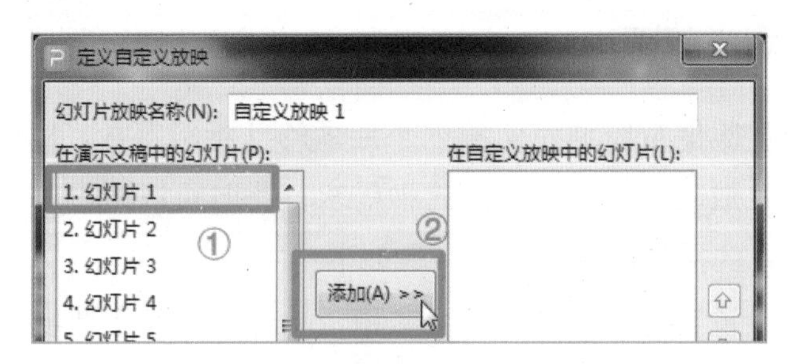

图 10-46

4 幻灯片已被添加到【在自定义放映中的幻灯片】列表框中，如图10-47所示。

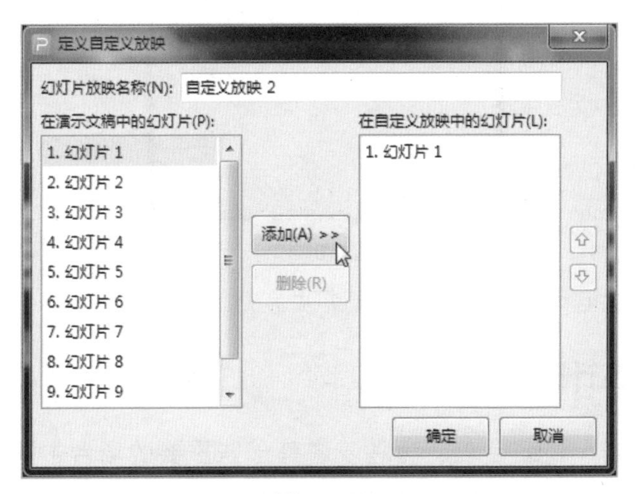

图 10-47

5 重复上述操作，将想要放映的幻灯片全部添加到【在自定义放映中的幻灯片】列表框中，然后单击【确定】按钮，如图10-48所示。

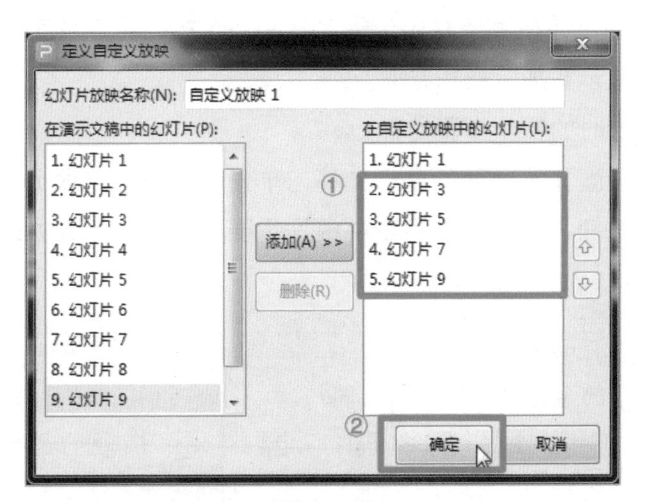

图 10-48

6 返回【自定义放映】对话框，单击【放映】按钮，如图10-49所示。

图 10-49

7 WPS演示会自动放映自定义的幻灯片。

10.3.3 排练计时

在毕业答辩、述职会议、竞聘演讲等一些重要的场合中演示幻灯片时，通常需要提前进行排练，精确掌握放映每张幻灯片时搭配演说所需的时间。WPS 演示的排练计时功能可以帮助用户掌握演示的时间，确保用户在演示时不会超时或者时间不够。当用户使用排练计时功能时，WPS 演示会自动记录用户的演示时间，并在演示时显示剩余时间。这样，用户就可以更好地控制演示进度，让演示更加流畅和专业。

设置排练计时的操作步骤如下：

1 打开需要设置排练计时的演示文稿，单击【放映】选项卡下的【排练计时】下拉按钮，在其下拉列表中根据需要选择一种排练方式，如【排练全部】选项，如图10-50所示。

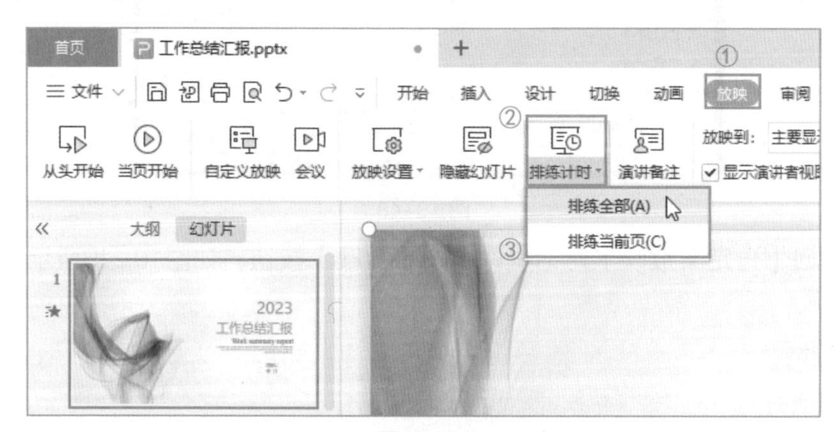

图 10-50

2 WPS演示会自动开始放映演示文稿，每页幻灯片的左上角都会出现【预演】工具栏，如图10-51所示。【预演】工具栏中显示了两个时间，左边的时间代表当前幻灯片放映的时间，右边的时间代表目前所有幻灯片放映的总时间。另外，在【预演】工具栏中，单击【▼】按钮可以切换到下一页幻灯片；单击【⏸】按钮可以暂停排练计时，再次单击可以继续；单击【↩】可以撤销当前幻灯片的计时，重新开始计时。

图 10-51

3 用户根据实际演示的需要进行排练并切换每张幻灯片，所有幻灯片都排练完毕后，按【Esc】键，弹出提示对话框，显示幻灯片放映的总时间，单击【是】按钮即可保留幻灯片排练时间，如图10-52所示。

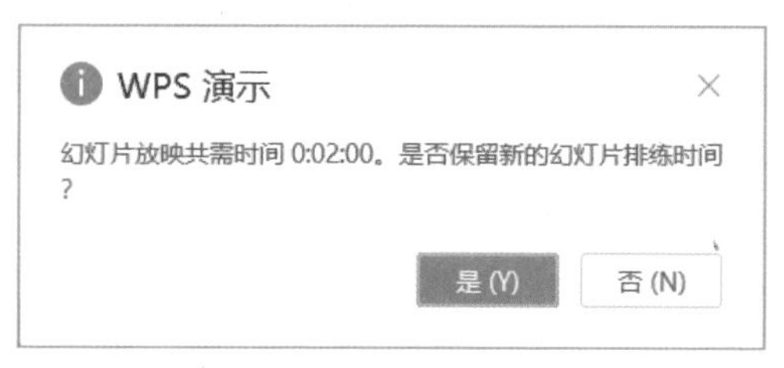

图 10-52

4 排练时间保留完毕后，自动进入【幻灯片浏览】视图，每张幻灯片缩略图下都显示了排练过程中该幻灯片放映的时间，如图10-53所示。

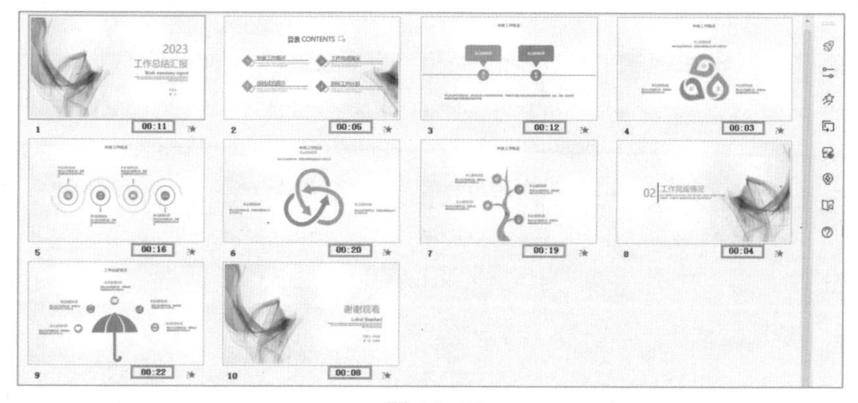

图 10-53

10.3.4 放映演示文稿

对幻灯片的所有设置进行完毕后，就可以放映幻灯片了，在放映幻灯片的过程中，用户有多种方式可以对幻灯片进行控制。

◆幻灯片放映工具栏：在幻灯片放映模式下，WPS 演示会显示一个放映工具栏，用户可以使用其中的按钮来控制幻灯片的切换、音频、视频等功能。

◆使用鼠标单击：在幻灯片中单击鼠标左键，可以切换到下一张幻灯片。向上 / 向下滚动鼠标滚轮也可以向前或向后切换幻灯片。

◆键盘控制：键盘上的 4 个方向键中,【←】键、【→】键或【↑】键、【↓】键都可以用来向前或向后切换幻灯片。另外，控制键区中的【Page Up】键、【Page Down】键也有同样的作用。

◆【幻灯片放映】工具栏：在放映模式下，幻灯片左下角会显示一个快捷工具栏，用户可以使用其中的按钮来控制幻灯片的切换、音频、视频等功能，如图 10–54 所示。

图 10–54